水果贮运保鲜
实用操作技术

王文生　主编

中国农业科学技术出版社

图书在版编目（CIP）数据

水果贮运保鲜实用操作技术／王文生主编．—北京：中国农业科学技术出版社，2016.1（2024.7重印）

ISBN 978-7-5116-2339-3

Ⅰ．①水… Ⅱ．①王… Ⅲ．①水果–贮运②水果–食品保鲜 Ⅳ．①S660.9

中国版本图书馆 CIP 数据核字（2015）第 257095 号

责任编辑	闫庆健　段道怀
责任校对	马广洋

出 版 者	中国农业科学技术出版社
	北京市中关村南大街 12 号　邮编：100081
电　话	（010）82106632（编辑室）　（010）82109704（发行部）
	（010）82109709（读者服务部）
传　真	（010）82106632
网　址	http://www.castp.cn
经 销 者	各地新华书店
印 刷 者	北京科信印刷有限公司
开　本	850mm×1 168mm　1/32
印　张	8.625
字　数	200 千字
版　次	2016 年 1 月第 1 版　2024 年 7 月第 5 次印刷
定　价	28.00 元

前　言

　　我国是世界水果生产大国。据《中国农业年鉴 2013 年》数据（未包含台湾地区、香港地区和澳门地区数据），2013 年我国果园面积约 1 214 万 hm^2，水果总产量为 1.51 亿 t；蔬菜播种面积为 2 276.1 万 hm^2，总产量 7.98 亿 t（含菜用瓜和果用瓜），两者合计产量约 9.5 亿 t，并连续多年遥居世界首位，果蔬总产量已远超过我国粮食总产量。在果蔬产品的国内国际市场流通货币量上，也遥遥领先于粮食。可以说，园艺产业无论从产量和产值上都是我国种植业的第一大产业。

　　水果从种植、采收及采后的包装、储藏、运输、加工等，都需要很多的手工作业，属劳动密集型产业。在发达国家和地区的市场上，水果价格通常高于粮食价格，甚至是粮食价格的数倍。因此，无论从满足人民的膳食营养需求和出口创汇，水果生产及产后的贮运保鲜都是农业生产的重要组成，是我国最具出口潜势的农产品种类之一。然而，我国果蔬在采摘、运输、储存等环节上的损失率仍高达 20% 以上，相较发达国家果蔬采后 5% 以下的损失率，显然我国果蔬的产后损失也相当严重。粗略概算，我国每年果蔬的损耗量约 2 亿多 t，价值数千亿元。

　　现实的情况是我国政府及生产者在果蔬采前已有很大的人力、物力和财力投入，但受目前生产经营主体体制、管理及经济技术水平等多方面的制约，采后贮运保鲜，损失达 20% 左右，而果蔬平均增产 10% ~ 15% 已很不容易，由此可见，不大幅度降低果蔬采后损失率，就会将采前所有增产努力耗费殆尽。

近年来，我国政府对果蔬采后减损和附加值提升，已给予极大的重视。国务院颁发了《物流业调整和振兴规划（国发〔2009〕8号）》，根据上述规划，为指导我国农产品冷链物流的发展，国家发展和改革委员会于2010年编制了《农产品冷链物流发展规划》，并明确提出了七个主要任务、八个重点工程和七个保障措施。同时商务部也出台了《国内贸易"十一五"和"十二五"科学技术发展规划》、科技部出台了《国家"十一五"和"十二五"科学技术发展规划》，上述国家和部级规划文件中都高度阐述了果蔬冷链物流保鲜产业发展的重要性和必要性。

我国果蔬采后损失巨大，其主要原因除了产前标准化生产程度低、质量参差不齐等产前因素外，产后物流过程中预冷环节薄弱、冷链集成程度差及普及程度低、冷库分布不均一、能耗高且安全性差等，是主要的影响因子；而在冷链体系中，预冷环节、冷藏环节和运输环节是3个主要的节点不能配套。这是因为：①现代果蔬贮运保鲜，连续低温的冷链效应在整个环节中起着最重要的作用，而我国目前果蔬的冷链流通率还很低；②预冷既是冷链的开端和重要的节点，也是目前我国果蔬冷链物流的瓶颈。目前，我国果蔬的标准预冷主要用于部分出口果品和蔬菜。资料显示，日本有25种主要蔬菜采后平均预冷率为50%以上，其中一半以上的蔬菜采后预冷率在70%以上，欧美果蔬采后的预冷率更高；③冷库是低温仓储的重要场所，产品的生产性储藏或周转性储藏都需要适宜的储藏温湿度，易腐难藏的高附加价值果蔬还需要精准控温储藏，而产地许多中小型储藏库设计建造不合理、不安全、不节能的状况亟待提升；④我国的冷藏运输车、船绝对数量和人均占有量都远少于欧美等发达国家，且冷藏运输产品的单位费用通常是常温厢式货车运输的 2.5 倍以上。因此，需要结合中国的实情，开发运输成本相对较低、普及应用率高、且效果较好的节能环保冷链运输方式。

为此，笔者在以近年来果蔬贮运保鲜研究成果和应用效果综合分析为基础，积极提倡我国果蔬贮运保鲜工作的"四个转变"：即销地储藏向以产地储藏为主转变；注重"静态保鲜"向以注重"动态保鲜"和"静态保鲜"的双重保鲜转变；化学保鲜方式向以物理和生物保鲜的方向转变；传统储藏保鲜方式向现代冷链物流保鲜模式转变。还需强调结合目前我国国情，充分利用自然冷源，以简易冷链方式补充因经济条件而制约的现代冷链模式。在此前提下，笔者以我国果蔬贮运中小型企业、农村专业合作组织、农户和果品流通经营者为主要服务对象，归纳果蔬贮运保鲜基本理论知识的；总结以预冷、冷藏和运输三个节点关键技术、实用工艺、配套设备和应用模式成果；阐述对我国大宗水果和特色水果贮运工艺技术、参数及操作技术。笔者对主要水果集中产地信息的调研和查阅，编著这本水果贮运保鲜实用操作技术，以期加速提升我国水果冷链的普及率，减少水果采后损失，提高水果产业的效益和有利农民增加收益。

本书作者具有较深厚的专业理论功底，在生产实践中积累了较丰富的实践经验，并将理论知识与生产实践紧密结合。本书主编王文生研究员，连续从事果蔬贮运保鲜教学与研究 30 余年。长期在国家农产品保鲜工程技术研究中心从事科研和技术推广的 16 年里，坚持理论与实践紧密结合的工作特点，有严谨务实的工作作风。本书笔者之一于晋泽高级工程师、博士，多年从事冷库及预冷设备设计，并参与众多果蔬保鲜库制冷工程施工，有丰富的制冷工程技术实践经验。而深圳杨林科技有限公司杨少桧经理，多年从事水果冷藏及预冷设备开发及贮运保鲜技术推广，对热带和亚热带水果的特性、贮运保鲜工艺技术，经验丰富；还有国家农产品保鲜工程技术研究中心董成虎助理研究员、陈存坤博士，以及天津农学院阎师杰教授，都是在果蔬贮运保鲜研究与推广一线工作，基础扎实，经验丰富。贾凝工程师则为本书编撰、图表做了大量工作。

本书撰稿期间，作者分工合作，随时交流讨论，对水果贮运的重要参数、指标、工艺等反复核定，并力求将一些"科学合理办得到、经济省钱推得开、效果突出看得见"的实用技术写入此书，方便小微企业和农村专业合作组织应用，尽力使本书具有内容先进性和实用性，编排新颖性。

全书共分四部分12章：第一部分为水果贮运保鲜基础知识，共25节，分别阐述水果采前及产后基础知识。第二部分为水果预冷、冷藏及运输设施，包括第二章、第三章和第四章，阐述小微型预冷、冷藏和运输设施，普及和提升果品贮运企业、农村专业合作社和农民的相关知识水平。第三部分为主要水果贮运保鲜实用操作技术共7章，涉及仁果类、柑橘类、浆果类、核果类、热带亚热带大宗水果、热带亚热带特色水果、柿枣类等，分别介绍保鲜实用操作技术。第四部分为我国主要水果产地介绍，涉及我国南北方主要水果产地信息，集中产区和产地、主栽品种和特色品种。

需要特别提到的是，本书部分水果种类保鲜内容得到有关专家的指教和建议，其中有山西省农业科学院农产品保鲜所王春生研究员、中国农业科学院柑橘研究所王日葵研究员、中国农业科学院果树研究所王文辉研究员、中国林业科学研究院王贵禧研究员、华南农业大学陈伟信教授和陆旺金教授、河北农业大学张子

4

德教授、福建农林大学林河通教授、华中农业大学程运江教授及甘肃农业科学院农产品加工所张永茂研究员等专家，在此笔者表示衷心感谢。

　　本书撰写中参考了许多学术专著和技术资料，有 40 种参考文献。借此机会，向这些参考文献的作者、同仁以及由于各种原因未列出姓名的作者及同仁表示真诚感谢。

　　撰写一本科学、新颖、实用、可读性强、畅销的水果贮运保鲜书籍是笔者们的心愿，也是当前我国水果贮运保鲜产业技术普及与提升的迫切需求，报答读者的期盼和心愿。所以，笔者丝毫不敢懈怠，做到尽心尽力，反复推敲。但书中有些论述、参数及工艺，难免有欠妥或不完善之处，个别地方难免会有疏漏和错误，不足之处，恳请读者批评指正。

王文生

2015 年 10 月

目　录

第一部分　水果贮运保鲜基础知识

第一章　水果贮运保鲜实用基础知识 …………………………（3）

一、采收后的水果是活的生命体，仍进行着旺盛的呼吸
　　代谢 ……………………………………………………（3）

二、调控内外因素，使采后水果的呼吸代谢处于弱低
　　状态 ……………………………………………………（4）

三、采前因素与水果采后的耐贮运性密切相关 …………（4）

四、把好果蔬入贮质量关是贮运保鲜的先决条件 ………（6）

五、适宜的低温是果蔬贮运保鲜的首要条件 ……………（7）

六、精准控温与冰温储藏有密切联系但有区别 …………（8）

七、采后水果实现无缝冷链是未来理想的目标 …………（8）

八、果蔬种类不同，其贮运环境中要求的适宜相对湿度有
　　显著不同 ………………………………………………（10）

九、调节气体储藏可延缓果蔬的后熟衰老 ………………（11）

十、气调库建设和管理需注意的几个技术问题 …………（12）

十一、简易气调储藏方式在中国果蔬保鲜中占有较大
　　　比重 …………………………………………………（14）

十二、怎样鉴别果蔬低氧和高二氧化碳伤害症状 ………（15）

十三、热带亚热带水果储藏期间应防冷害 ………………（16）

十四、水果贮运总损耗中包括腐烂损耗和自然损耗 ……（18）

十五、通风换气是水果储藏库设计和贮运期间不能忽略的
　　　问题 …………………………………………………（19）

十六、预冷是水果储藏保鲜中最重要的一个环节 ……… （20）

十七、温度波动可造成包装品结露，加重水果腐烂 …… （23）

十八、水果品温与库温有密切关联但需认真区分 ……… （24）

十九、钙对提高果蔬耐藏性作用显著，应在田间科学增施

钙肥 ……………………………………………… （24）

二十、乙烯是跃变型水果成熟衰老的启动剂 ………… （26）

二十一、1－MCP 对乙烯的催熟作用能起到竞争性

抑制 ………………………………………… （27）

二十二、使用膨大剂、增色剂、增甜剂等调节剂会降低

果蔬耐藏性 ……………………………… （28）

二十三、果蔬腐烂损耗大多由病原微生物引起 ……… （29）

二十四、科学使用保鲜剂和保鲜膜，对水果贮运保鲜作用

明显 ………………………………………… （29）

二十五、贮场所消毒可大大降低菌源基数 …………… （32）

第二部分　水果预冷、冷藏及运输设施

第二章　水果主要预冷设施及其应用 ……………………… （37）

一、水果预冷的概念和实践意义 …………………………… （37）

二、水果预冷的主要方式和注意事项 ……………………… （38）

（一）压差预冷 ………………………………………… （38）

（二）真空预冷 ………………………………………… （41）

（三）冷水预冷 ………………………………………… （42）

三、冷库内冷却方式 ………………………………………… （43）

第三章　水果冷藏设施设计与建造 ………………………… （47）

一、机械冷藏库建造的一般要求 …………………………… （47）

（一）果蔬储藏机械冷库建造概述 …………………… （47）

（二）果蔬机械冷库制冷设备 ………………………… （49）

（三）制冷工质 ……………………………………（61）
二、果蔬小型和微型保鲜库 …………………………（63）
　　（一）小型和微型冷库概述 …………………………（63）
　　（二）微型冷库的参考设计参数 ……………………（65）
　　（三）小型及微型冷库的建筑与施工 ………………（66）
第四章　水果运输设施及应用 ………………………………（76）
　一、水果运输方式及选择 ……………………………（76）
　二、水果主要运输设备介绍 …………………………（78）
　　（一）冷藏汽车 ………………………………………（78）
　　（二）铁路冷藏车 ……………………………………（81）
　　（三）冷藏集装箱 ……………………………………（81）

第三部分　主要水果贮运保鲜实用操作技术

第五章　仁果类水果保鲜实用操作技术 …………………（89）
　一、苹果储藏保鲜实用操作技术 ……………………（89）
　　（一）储藏特性 ………………………………………（89）
　　（二）可参照储藏条件 ………………………………（90）
　　（三）储藏场所和方式选择 …………………………（90）
　　（四）小微型冷库温度、湿度的调控 ………………（91）
　　（五）苹果储藏简明工艺流程 ………………………（92）
　二、梨储藏保鲜实用操作技术 ………………………（95）
　　（一）储藏特性 ………………………………………（95）
　　（二）可参照储藏条件 ………………………………（98）
　　（三）储藏场所和方式选择 …………………………（98）
　　（四）小微型冷库温度、湿度的调控 ………………（99）
　　（五）梨储藏简明工艺流程 …………………………（99）
　三、山楂储藏保鲜实用操作技术 ……………………（104）

（一）储藏特性 ……………………………………（104）

（二）可参照储藏条件 ……………………………（105）

（三）储藏场所和方式选择 ………………………（105）

（四）小微型冷库温度、湿度的调控 ……………（106）

（五）山楂储藏简明工艺流程 ……………………（107）

四、枇杷储藏保鲜实用操作技术 ……………………（110）

（一）储藏特性 ……………………………………（110）

（二）可参照储藏条件 ……………………………（112）

（三）储藏场所和方式选择 ………………………（112）

（四）枇杷贮运简明工艺流程 ……………………（112）

第六章　柑橘类水果保鲜实用操作技术 ……………（115）

一、柑橘类水果保鲜实用操作技术 …………………（115）

（一）储藏特性 ……………………………………（115）

（二）可参照储藏条件 ……………………………（118）

（三）储藏场所和方式选择 ………………………（118）

（四）小微型冷库温度、湿度的调控 ……………（121）

（五）柑橘类储藏简明工艺流程 …………………（122）

二、尤力克柠檬储藏简明工艺流程 …………………（125）

三、琯溪蜜柚储藏简明工艺流程 ……………………（126）

第七章　浆果类水果保鲜实用操作技术 ……………（128）

一、葡萄储藏保鲜实用操作技术 ……………………（128）

（一）储藏特性 ……………………………………（128）

（二）可参照储藏条件 ……………………………（130）

（三）储藏场所和方式选择 ………………………（130）

（四）小微型冷库温度、湿度的调控 ……………（131）

（五）葡萄冷藏简明工艺流程 ……………………（132）

二、猕猴桃储藏保鲜实用操作技术 …………………（135）

（一）储藏特性 ……………………………………（135）

（二）可参照储藏条件 ……………………………（137）

（三）储藏场所和方式选择 ……………………（137）

（四）小微型冷库温度、湿度的调控 …………（138）

（五）猕猴桃储藏简明工艺流程 ………………（139）

三、树莓、黑莓、蓝莓、桑葚储藏保鲜实用操作技术……（141）

（一）储藏特性 …………………………………（142）

（二）可参照储藏条件 …………………………（144）

（三）贮运方式选择 ……………………………（145）

（四）预冷装置及冰温库储藏温湿度的控制要求 ……（145）

（五）储藏简明工艺流程 ………………………（145）

四、草莓储藏保鲜实用操作技术 …………………（147）

（一）储藏特性 …………………………………（147）

（二）可参照储藏条件 …………………………（148）

（三）贮运方式选择 ……………………………（149）

（四）预冷装置及冰温库储藏温湿度的控制要求 ……（149）

（五）储藏简明工艺流程 ………………………（149）

第八章　核果类水果保鲜实用操作技术 …………（151）

一、桃储藏保鲜实用操作技术 ……………………（151）

（一）桃储藏特性 ………………………………（151）

（二）可参照储藏条件 …………………………（153）

（三）储藏场所和方式选择 ……………………（153）

（四）小微型冷库温度、湿度的调控 …………（153）

（五）桃储藏简明工艺流程 ……………………（154）

二、李子储藏保鲜实用操作技术 …………………（155）

（一）李子储藏特性 ……………………………（156）

（二）可参照储藏条件 …………………………（157）

（三）储藏场所和方式选择 ……………………（158）

（四）小微型冷库温度、湿度的调控 …………（158）

（五）李子储藏简明工艺流程 ………………………（159）

三、樱桃储藏保鲜实用操作技术 ……………………（161）

（一）樱桃储藏特性 …………………………………（161）

（二）可参考储藏条件 ………………………………（162）

（三）储藏场所和方式选择 …………………………（163）

（四）樱桃贮运简明工艺流程 ………………………（163）

四、杨梅储藏保鲜实用操作技术 ……………………（164）

（一）杨梅储藏特性 …………………………………（165）

（二）可参照储藏条件 ………………………………（166）

（三）储藏方式选择 …………………………………（166）

（四）杨梅贮运简明工艺流程 ………………………（167）

第九章　热带、亚热带大宗水果保鲜实用操作技术 ……（169）

一、香蕉贮运保鲜实用操作技术 ……………………（169）

（一）储藏特性 ………………………………………（169）

（二）可参照储藏条件 ………………………………（172）

（三）储藏场所和方式选择 …………………………（172）

（四）小微型冷库温度、湿度的调控 ………………（173）

（五）香蕉贮运简明工艺流程 ………………………（173）

二、菠萝贮运保鲜实用操作技术 ……………………（177）

（一）储藏特性 ………………………………………（177）

（二）可参照储藏条件 ………………………………（179）

（三）储藏场所和方式选择 …………………………（179）

（四）小微型冷库温度、湿度的调控 ………………（179）

（五）菠萝储藏简明工艺流程 ………………………（180）

三、荔枝储藏保鲜实用操作技术 ……………………（180）

（一）储藏特性 ………………………………………（181）

（二）可参照储藏条件 ………………………………（183）

（三）储藏场所和方式选择 …………………………（183）

（四）小微型冷库温度、湿度的调控 ……………（183）
（五）荔枝贮运简明工艺流程 ……………………（184）
四、龙眼储藏保鲜实用操作技术 ……………………（186）
（一）储藏特性 ……………………………………（186）
（二）可参照储藏条件 ……………………………（188）
（三）储藏场所和方式选择 ………………………（189）
（四）小微型冷库温度、湿度的调控 ……………（189）
（五）储藏保鲜简明工艺流程 ……………………（190）
五、杧果储藏保鲜实用操作技术 ……………………（191）
（一）储藏特性 ……………………………………（191）
（二）可参照储藏条件 ……………………………（194）
（三）储藏场所和方式选择 ………………………（194）
（四）小微型冷库温度、湿度的调控 ……………（194）
（五）储藏保鲜简明工艺流程 ……………………（195）
第十章　热带、亚热带特色水果保鲜实用操作技术 ……（198）
一、火龙果储藏保鲜实用操作技术 …………………（198）
（一）储藏特性 ……………………………………（198）
（二）可参照储藏条件 ……………………………（199）
（三）贮运场所和方式选择 ………………………（199）
（四）贮运保鲜简明工艺流程 ……………………（200）
二、红毛丹储藏保鲜实用操作技术 …………………（200）
（一）储藏特性 ……………………………………（201）
（二）可参照储藏条件 ……………………………（202）
（三）贮运场所和方式选择 ………………………（202）
（四）贮运保鲜简明工艺流程 ……………………（203）
三、山竹储藏保鲜实用操作技术 ……………………（203）
（一）储藏特性 ……………………………………（204）
（二）可参照储藏条件 ……………………………（205）

（三）贮运场所和方式选择 ……………………（205）

（四）贮运保鲜简明工艺流程 …………………（205）

四、莲雾储藏保鲜实用操作技术 ……………………（206）

（一）储藏特性 …………………………………（206）

（二）可参照储藏条件 …………………………（207）

（三）贮运场所和方式选择 ……………………（208）

（四）贮运保鲜简明工艺流程 …………………（208）

五、番荔枝储藏保鲜实用操作技术 …………………（209）

（一）储藏特性 …………………………………（209）

（二）可参照储藏条件 …………………………（211）

（三）储藏场所和方式选择 ……………………（211）

（四）番荔枝贮运简明工艺流程 ………………（212）

六、橄榄储藏保鲜实用操作技术 ……………………（213）

（一）储藏特性 …………………………………（213）

（二）可参照储藏条件 …………………………（214）

（三）储藏场所和方式选择 ……………………（214）

（四）橄榄贮运简明工艺流程 …………………（215）

第十一章　柿枣等水果保鲜实用操作技术 …………（216）

一、鲜枣储藏保鲜实用操作技术 ……………………（216）

（一）枣储藏特性 ………………………………（216）

（二）可参照储藏条件 …………………………（219）

（三）储藏场所和方式选择 ……………………（219）

（四）储藏场所温度、湿度的调控 ……………（219）

（五）枣储藏简明工艺流程 ……………………（220）

二、柿子储藏保鲜实用操作技术 ……………………（221）

（一）储藏特性 …………………………………（222）

（二）可参照储藏条件 …………………………（223）

（三）储藏场所和方式选择 ……………………（223）

（四）储藏场所温度、湿度的调控 ……………………（223）

（五）柿子储藏简明工艺流程 ……………………………（224）

三、石榴储藏保鲜实用操作技术 …………………………（225）

（一）储藏特性 ……………………………………………（226）

（二）可参照储藏条件 ……………………………………（227）

（三）储藏场所和方式选择 ………………………………（227）

（四）储藏场所温度、湿度的调控 ………………………（228）

（五）石榴储藏简明工艺流程 ……………………………（228）

第四部分　中国主要水果产地介绍

第十二章　中国主要水果产地介绍 ……………………………（233）

一、北方主要水果产地 ……………………………………（233）

（一）苹果主要产地 ………………………………………（233）

（二）梨主要产地 …………………………………………（234）

（三）葡萄主要产地 ………………………………………（236）

（四）桃主要产地 …………………………………………（240）

（五）李子主要产地 ………………………………………（241）

（六）山楂主要产地 ………………………………………（241）

（七）猕猴桃主要产地 ……………………………………（241）

（八）柿子主要产地 ………………………………………（242）

（九）石榴主要产地 ………………………………………（242）

（十）樱桃主要产地 ………………………………………（243）

（十一）草莓主要产地 ……………………………………（243）

（十二）冬枣和其他鲜食枣主要产地 ……………………（243）

二、热带、亚热带大宗水果主要产地 ……………………（244）

（一）柑橘类水果主要产地 ………………………………（244）

（二）香蕉主要产地 ………………………………………（246）

（三）菠萝主要产地 ……………………………………（246）

（四）荔枝主要产地 ……………………………………（247）

（五）龙眼主要产地 ……………………………………（247）

（六）杧果主要产地 ……………………………………（248）

三、热带、亚热带特色水果主要产地 ……………………（249）

（一）杨梅主要产地 ……………………………………（249）

（二）火龙果主要产地 …………………………………（249）

（三）红毛丹主要产地 …………………………………（250）

（四）山竹主要产地 ……………………………………（250）

（五）莲雾主要产地 ……………………………………（250）

（六）番荔枝主要产地 …………………………………（250）

（七）橄榄果主要产地 …………………………………（251）

（八）杨桃主要产地 ……………………………………（251）

参考文献 …………………………………………………（252）

第一部分

水果贮运保鲜基础知识

第一章 水果贮运保鲜实用基础知识

从事水果贮运保鲜，并能够灵活应用储藏工艺和方法，就必须掌握最基本且最核心的水果贮运保鲜基础知识。如以采收前后划分，水果贮运保鲜基础知识可分为①采前相关影响因素；②采后水果贮运环境和自身代谢调控两方面。如以重点知识描述，主要包括采前因素对采后水果储藏保鲜的影响；收获后水果的特性；水果入贮时的质量要求；不同水果储藏所要求的适宜温度、相对湿度和气体成分；适当通风换气对水果贮运的重要性；水果储藏期间的主要病原微生物及其防治；预冷在水果贮运时的重要性；钙对果实品质及储藏性的影响；乙烯在水果成熟衰老中的作用及其调控等。下列25节，简明扼要地阐述了水果贮运保鲜的主要实用基础知识。

一、采收后的水果是活的生命体，仍进行着旺盛的呼吸代谢

水果采收以后，虽然离开了植株，但仍然是具有生命的活体，其最重要的特征是仍进行着旺盛的呼吸代谢，以维持其生命活动所需的能量和各种代谢需要的物质。水果贮运保鲜，就是通过调控采前水果的质量和采后的贮运环境条件，利用各种辅助保鲜措施，尽量维持水果的"年轻"态，避免其腐烂变质，延缓其成熟衰老；实现在保持水果食用安全和品质的前提下，延长贮运期和供应期的目的。水果采前生长、采后呼吸和水分代谢见图1-1。

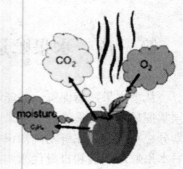

图 1 – 1　水果采前生长、采后呼吸和水分代谢示意

二、调控内外因素，使采后水果的呼吸代谢处于弱低状态

采收前的水果，生长在田间或设施内的植株上，获取植株的营养供给和通过光合作用制造养分为主的合成代谢，但采收后水果已经脱离母体，并由田间或设施栽培进入贮运场所，变为以呼吸代谢为主的分解代谢。因而，搞好水果的贮运保鲜，首要的是通过各种途径抑制水果的呼吸作用，使贮运水果的呼吸强度处于弱而低的状态。所谓弱就是要求呼吸强度低，所谓低就是在呼吸强度要求低的前提下，不发生缺氧或无氧呼吸。影响采后水果呼吸强度的主要因素有水果的种类和品种、水果的成熟度、储藏环境温度、储藏环境相对湿度、储藏环境中的气体成分、水果病虫伤害及机械伤、某些物理和化学因素刺激或伤害等。

三、采前因素与水果采后的耐贮运性密切相关

水果采前因素可归结为水果自身的特性、田间栽培管理技

术、环境和地理因素的影响 3 个方面。就水果本身的特性而言，一般认为水果种类或品种不同，耐藏性不同，即使是同一品种，在不同地域、不同年份、不同采收成熟度，其耐藏性也可能不同；大多数栽培果树经无性繁殖是多年生木本作物，其砧木种类、树龄、树势、结果部位、果实大小以及产量，都会对果实的耐藏性产生影响。如在正常年份和管理下，辽西巨峰葡萄亩产一般应控制在 2 000 kg 以内，方可达到较好的品质和耐藏性。图 1-2 为辽西巨峰葡萄估产 2 000 kg/（1 亩 ≈ 667 m²。全书同）亩果园的挂果情况，着色良好，固形物含量大于 16%。

图 1-2 辽西控产适宜的巨峰葡萄园（约 2 000 kg/亩）

田间栽培管理技术如施肥、灌水、修剪和疏花疏果、土壤或叶面喷钙、生长期间杀菌剂和激素的应用、果实套袋等都会对水果的耐藏性产生影响。通常情况下多施有机肥、增施磷钾肥的水果，耐藏性好。使用氮素化肥过量，水果的代谢强度会增加，贮运期生理病害发生的机率就增大。氮素化肥用量过多还会导致红色果实着色差且质地松软，储藏寿命缩短。田间适时多次增施钙肥，对提高水果的品质和耐藏性都有好处。正确套袋能使红富士苹果外观改善，色泽变佳，而耐藏性一般不受影响。拟储藏的水果采前 7 ~ 10 天应停止灌水，阴雨天及露水未干时不能采收，这些都是储藏水果在采前和采期应掌握的最基本常识。

环境和地理因素主要是通过影响水果产地的温度、降水、光照等影响水果耐藏性。通常，高海拔地区，由于光照充足，昼夜温差大，生产的水果固形物含量高、着色好、品质好，因而耐贮运。

四、把好果蔬入贮质量关是贮运保鲜的先决条件

水果贮运保鲜是水果田间栽培生产的延续，只有提供耐储藏、抗病强、质量高的水果产品，才能为后续的贮运获得良好的质量和效益奠定可靠的基础。

首先，要选择耐藏的优良品种种植或贮运。不同水果品种之间的耐贮运性差异往往很大；一般规律是晚熟品种比早熟、中熟品种耐贮运，中熟品种比早熟品种耐贮运。如苹果中国光、富士、秦冠等晚熟品种比红星、金冠、乔纳金等中熟品种耐储藏。桃的中晚熟品种如大久保、绿化 9 号等可储藏 45 天左右，而早熟品种一般不作储藏。

其次，应重视田间栽培管理，诸如合理使用氮肥，增施磷、钾、钙肥，多施有机肥，以使生产的水果具有良好的外观质量和内在品质，有较强的抗病性；在确保生长期水分供应的情况下，采前 7 ~ 10 天应停止灌水；适时采取化学和生物技术措施防病治病，减少病原基数；通过合理疏花疏果、修剪、控制产量等措施，以获得高质量、耐贮运的水果。

第三，掌握好采收成熟度。适宜采收成熟度的确定，既应根据不同水果种类和品种的生物学特性确定生理成熟度，也可按照

6

人们的食用要求和习惯确定园艺学成熟度。如苹果、梨、山楂等，是在达到其八九成生理成熟度时采收，葡萄则应在充分成熟（十成熟）时采收，长距离运输的香蕉应在七八成成熟时采收。目前，许多水果因受上市抢行的影响，往往采收偏早，不仅影响水果的质量、贮后品质和储藏期长短，而且还易造成储藏期生理病害严重发生。

第四，水果在采收、运输、挑选及商品化处理等环节，要避免各种机械损伤，包括摩擦伤、刺伤、挤压伤、磕碰伤和震动损伤等。因为破损不仅会造成水果呼吸强度增高和外观上的瑕疵，更可为病原微生物的侵入提供方便之门，如苹果、梨、柑橘等水果的青霉和绿霉病菌都是从伤口侵入的。通过伤口进入的病原菌种类还有根霉、地霉、葡萄孢霉等。所以，水果在入贮前的整个操作过程中，一定要精心、细致，轻拿轻放，轻装轻卸。

五、适宜的低温是果蔬贮运保鲜的首要条件

采用适宜的低温贮运水果，是目前水果采后贮运保鲜应用最广泛的一种方式。所有的水果在适合其生理特性、不产生冷害的低温环境下，都能明显延长其存放期，较好地保持品质，降低损耗率。这是因为低温能明显降低果实的呼吸强度，延缓其生理代谢过程，减少营养物质的消耗和水分散失，提高果实对病菌侵染的抵抗力；其次低温对病菌孢子的萌发、生长和致病力有明显的抑制作用；另外低温能有效抑制水果乙烯的产生和产品对乙烯的敏感性。

适宜的低温在水果贮运保鲜的所有措施中，占有最重要的位置。在适宜或较低温度的基础上，通过薄膜包装、使用防腐保鲜剂、改变气体成分等，就能发挥出良好的辅助调控作用。任何试图在常温下，仅仅通过使用保鲜膜、保鲜剂、臭氧处理等辅助措施来达到良好的保鲜效果的期望，是既不科学也不现实的。

在提供适宜低温条件的同时，对一些水果结合使用保鲜剂，才能更有效地控制其贮运期间的病害发生，这是因为虽然低温对病菌的繁殖、生长和致病力有明显的抑制作用，但往往并不能完全杀死致病菌，而且许多采后病原菌对低温的忍耐力较强，能在低于0℃下生长和繁殖，并引起水果的病变，如灰霉菌和青霉菌能分别在 -4℃ 和 -2℃ 下生长并使贮运产品发病。

六、精准控温与冰温储藏有密切联系但有区别

果蔬精准控温贮藏就是精确准确控制贮藏温度。按不同果蔬适宜的贮藏温度和降温工艺精准控温，无疑是最佳的温度管理模式，但对设施和管理水平的要求高，投入也会越高。冰温贮藏也叫近冰点贮藏，是指某一种果蔬在整个贮藏期间，始终维持靠近该产品冰点但不低于冰点的贮藏温度（并非水的冰点0℃）。由此可见，冰温贮藏通常只能用于无冷害现象的果蔬上，属于精准控温贮藏，但是精准控温贮藏并不单指冰温贮藏，而泛指对所有果蔬的贮藏温度采取精确准确控制。

七、采后水果实现无缝冷链是未来
理想的目标

采后水果无缝冷链是指水果采后在商品化处理、储藏、运输、销售直至消费前的各个环节，始终保持在适宜的低温环境下，且各个环节之间的低温控制是连续的。冷链的核心是个"冷"字，其关键是要形成一个冷的链条。采后水果冷链的4个关键环节是预冷、冷藏、冷链运输、终端冷环境销售，上述环节之间的衔接也应保持适宜的低温，即是无缝冷链。水果从采后直至消费前的无缝冷链叫做全程无缝冷链，部分环节做到了适宜低

温，则为部分冷链。

目前我国水果做到采后全程冷链的比例很低，主要是能部分环节的低温。有以下形式：①运往内地的新疆无核白葡萄，在产地采取预冷，随后采用棉被保温，货车运输，批发和销售环节多为常温；②荔枝等热带和亚热带水果，夏季运往北方时在产地冷库预冷，随后采用棉被保温、包装箱内放置冰瓶运输，而批发和销售环节多为常温；③收获后的苹果、葡萄、梨等水果，在冷库内进行预冷和冷藏，出库后的运输和销售大多是在常温下进行；④国产香蕉、火龙果等热带水果从南方经防腐处理后常温运往北方，在销售地冷藏条件下进行批发销售等。图1-3为辽宁冷库储藏葡萄春节前出库后采用货车覆盖棉被运往销地。

图1-3　冷库储藏葡萄出库后采用货车覆盖棉被运往销地（2013-01-07）

适宜而稳定持续的低温是最大限度保持果品品质、延缓衰老变质的重要条件，只有做到全程无缝冷链才能提供适宜和稳定的低温。但是全程无缝冷链的实现要靠现代制冷设备、能源、交通运输条件做保障，要靠较高标准的消费水平拉动，所以采后水果实现无缝冷链是未来最理想的目标，要经过较长的时间才能逐步实现。

八、果蔬种类不同，其贮运环境中要求的适宜相对湿度有显著不同

新鲜水果的含水量一般在85%～90%。水果保鲜的途径，从一个侧面理解，可认为是"保水"，因为水果水分散失越多，鲜度就降低越多。大多数水果的水分散失量大于5%时，就会表现出明显的萎蔫皱缩状态。因此，多数水果贮运期间要求较高的相对湿度。下面根据主要水果和部分蔬菜贮运期间对适宜相对湿度的要求高低，将其粗略划分为3类。

第一类：贮运期间要求相对湿度较高的水果，一般要求相对湿度为90%～95%，包括苹果、梨、桃、李、葡萄、猕猴桃、草莓、枇杷、荔枝等。

第二类：贮运期间要求相对湿度中等偏高的水果，一般要求相对湿度为85%～90%。包括柿子、无花果、板栗、甜橙、宽皮橘、柠檬、香蕉等。

第三类：贮运期间要求相对湿度较低的果蔬，一般要求相对湿度75%左右。

绝大多数水果要求相对湿度为第一类和第二类，但是一些蔬菜则必须在较低相对湿度下贮运，如冬瓜、西瓜、南瓜、洋葱、大蒜、百合。这几种喜欢贮运环境干燥的蔬菜，必须作为常识牢记。

由以上的分类可看出，果蔬种类不同，对贮运相对湿度的要求差异较大，对于湿度要求较高的水果，可通过薄膜包装、储藏库地面洒水、库内安装加湿装置等措施，提高并维持贮运环境中

较高的相对湿度;对相对湿度要求低的果蔬,一是不能采用塑料薄膜包装,二是储藏场所应经常通风排湿或采取其他除湿措施,如库内堆放生石灰、安装排风扇等。

九、调节气体储藏可延缓果蔬的后熟衰老

调节气体储藏也叫气调储藏。正规的气调储藏是指在安装制冷装置、建设气调库的基础上,采用气调装置制取氮气或脱除氧气来获得水果贮运适宜且稳定的气体指标的方式,简称为 CA 储藏。CA 储藏是当前国内外在水果大规模储藏中储藏效果最好的方式之一。气体调节的目的是适当提高储藏环境中的二氧化碳浓度并降低氧浓度,达到进一步抑制水果代谢、保持水果品质、延长水果储藏期的目的。

正常大气中,含氧量为 20.7%,二氧化碳含量为 0.03%。采用气调储藏,就意味着改变正常的气体组分。对大部分水果而言,将氧浓度降至 2%~5%、二氧化碳提高至 2%~5% 是比较适宜的范围。当然,水果种类不同,要求的适宜气体指标不一定相同。如果氧低于或二氧化碳高于某种水果的适宜的气体指标,该水果就会遭受低氧或高二氧化碳伤害。对二氧化碳比较敏感的水果,是指容易遭受二氧化碳伤害的水果,包括梨(白梨系统和沙梨系统的绝大部分品种)、富士苹果、鲜枣等,贮运期间应谨防高浓度二氧化碳伤害。相反,能耐受较高二氧化碳且能产生良好保鲜效应的水果如樱桃、草莓、杨梅、蓝莓等,应科学地提供适宜的高浓度二氧化碳。

根据拟贮运水果在气调环境下的效果,可以将水果分为以下几类。

(1)采用气调贮运效果极好的水果。这类水果如采用气调贮运,贮运期能大幅度延长,质量得以有效保持,如草莓、猕猴

桃、香蕉、苹果、西洋梨等。

（2）采用气调贮运效果很好的水果。这类水果如采用气调贮运，贮运期会大幅度延长，对品质保持效果显著，如蓝莓、覆盆子和樱桃等。

（3）采用气调贮运效果一般或较明显的水果。这类水果如采用气调贮运，储藏期会有所延长，对品质保持有一定作用，但不十分显著，如柿子、杏和鳄梨等。

（4）采用气调贮运效果不明显的水果。这类水果如采用气调贮运，贮运期不会明显延长或质量保持效果轻微，如脐橙、蜜柑等。

十、气调库建设和管理需注意的几个技术问题

近年来，我国对部分苹果、库尔勒香梨、猕猴桃等水果采用了气调库储藏，并获得了良好的保鲜效果和经济效益。随着气调库建造和气调储藏较快发展，需要对气调储藏库建设和管理中应注意的几个技术问题加以提示，以便使气调储藏更安全、有效、经济地用于水果储藏保鲜。

1. 库体建设

保证彩钢保温板的厚度和双面钢板的厚度，特别是采用聚苯乙烯彩钢板时更应注意。

2. 地坪应有足够的强度

对混凝土标号、厚度、钢筋粗度和间距都有要求。

3. 具有良好的气密性

气调库建成验收时，必须做气密性试验。气密性试验一般采取正压法：用30cm的"U"形水柱仪，打压至25cm水柱时开始记录，只要在30min内水柱不低于15cm，即为气密性合格。

4. 气调门应采用保温良好、做工精细的产品，门上观察窗的玻璃是双层真空玻璃，玻璃之间具有良好的真空度。

5. 安全阀和平衡袋要有足够的耐压能力

平衡袋容量一般为库内空间的1%。

6. 单间库容量不宜太大

可便于气调储藏要求的整进整出，也便于一些附加值高但产量少的果蔬种类的储藏。目前我国大型气调库单间容积在200t左右，小型单间在100t左右，布局为"非"字形结构的较多。

7. 气调库制氮机

主要有两种：一是中空纤维膜分离式制氮机，二是碳分子筛制氮机改进型降氧机，后者较前者节能且造价低，但是应严格按要求使用，避免真空泵损坏。

8. 气调库配加湿器

一定要注意用库外机对库内喷雾，以免由于库内设定温度低于水的冰点而导致加湿器内的贮水或管路冻结。所使用的湿度变送器应优先选用高质量的产品。

9. 用精准的温度计、气体分析仪

定期校验气调库中央控制的仪器，以免因显示或其他错误造成运行参数错误。

10. 当果蔬入库结束、库温基本稳定之后，应迅速降氧

库内氧降至5%以下时，再利用水果自身的呼吸作用继续降低库内的氧含量，同时提高二氧化碳浓度，直至达到适宜的氧、二氧化碳比例。

十一、简易气调储藏方式在中国果蔬保鲜中占有较大比重

简易气调储藏是指在冷藏的基础上，通过采用塑料薄膜包装（通常为塑料袋或塑料大帐）密封，果蔬在塑料薄膜包装中由于自身的呼吸代谢，使得包装内的氧浓度降低，二氧化碳浓度升高，形成了一个气体成分不同于正常空气的微环境，从而抑制果蔬的代谢，降低失水损耗，延长果蔬储藏期的一种调控气体储藏方式。

简易气调储藏简称 MA 储藏，它与 CA 储藏的区别在于：①MA储藏不需要专门的气体调控设备，而是靠果蔬自身呼吸代谢降低氧浓度、提高二氧化碳浓度；②MA 储藏果蔬放置的微环境不是气调库，而是塑料薄膜密闭包装；③MA 储藏只能调控果蔬相对适宜的气体浓度，不能精准调控最适宜的气体指标；④包装内气体的调节主要是靠调整产品的装量、薄膜厚度、膜上打孔或安装透气嘴、设置硅橡胶窗、定期放气等方式实现；⑤具有储藏成本相对低廉、效果较好等特点。目前简易气调储藏在我国应用比较普遍，主要应用在苹果、猕猴桃、香蕉、葡萄、樱桃、桃、杨梅等水果上，蔬菜保鲜上应用更普遍。

在聚乙烯或聚氯乙烯为材质的塑料薄膜上镶嵌一定面积硅橡胶窗制作的保鲜袋，叫硅窗保鲜袋。这种保鲜袋与无硅窗的同质塑料袋比较，氧浓度和二氧化碳浓度相对更适宜，这是因为镶嵌的硅橡胶对二氧化碳具有良好的透过率，且透气比值大（透过的二氧化碳的量与透过的氧的量的比值大），使得硅窗保鲜袋内在氧浓度较低的情况下，二氧化碳也可保持较低的浓度，避免高二氧化碳伤害。不同种类的水果和蔬菜，因为呼吸强度、储藏适宜温度等方面有差异，所以适宜的硅窗面积和装量有很大差异，因此商业购买的硅窗保鲜袋一般都有针对性的种类和品种，不能

随意用于其他果蔬种类和品种。冷库硅窗袋储藏蒜薹见图1-4。

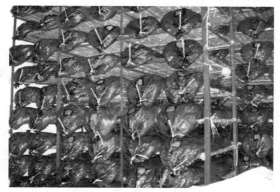

图1-4　冷库硅窗袋储藏蒜薹

十二、怎样鉴别果蔬低氧和高二氧化碳伤害症状

　　水果二氧化碳伤害最明显的特征是果肉产生褐变、褐色斑点、凹陷等。储藏后期或已经衰老的苹果对二氧化碳非常敏感，易引起果肉褐变；橘子受二氧化碳伤害后，常出现果皮浮肿、果肉变苦和腐烂；猕猴桃的高二氧化碳伤害症状是果实外果皮色泽变淡，底色发灰或淡灰色，缺少光泽，果肉颜色基本正常，但切开果实后，从果皮下数层细胞开始至果心组织间有许多分布不规则的较小或较大的空腔，褐色或淡褐色，较为干燥，果心韧性大，果肉酸且有异味，严重时有麻味，整个受害果实的硬度偏高，果肉弹性大，手指捏压后无明显压痕，果实不能正常后熟。

　　多数水果适宜储藏的氧浓度下限指标是2%，如较长时间氧浓度低于2%，会因供氧不足发生缺氧或无氧呼吸而造成低氧伤害。低氧伤害和高二氧化碳伤害的症状比较相似，遭受低氧伤害的水果表皮产生局部下陷和褐色斑点，有的不能正常成熟，并产生异味。橘子受低氧伤害后产生苦味或浮肿，橘皮由橙色变为黄色，此后呈水渍状。

十三、热带亚热带水果储藏期间应防冷害

水果冷害不同于冻害，它是指产品在冰点以上的不适低温下贮运时所造成的生理伤害。不少人对冷害概念不太清楚，认为只要果实不冻，贮运温度越低越好，所以生产中水果因冷害造成的损失时有发生。

热带、亚热带水果如香蕉、菠萝、芒果、柠檬、荔枝、柑橘对低温特别敏感，而温带水果如葡萄、苹果、梨、山楂等，除个别品种之外，基本没有冷害现象。所以，在贮运水果时，首先应该想到这种水果的适宜贮运温度是多高，计划储藏运输的时间有多长，冷害发生的临界温度通常是多高，切不可把南方产的热带或亚热带水果，长时间地用北方果品的储藏温度来储藏。

水果冷害表现是从内在生理变化到外在感观变化逐步发展的过程，特别是在冷害临界温度下储藏较长时间后移至高温下，冷害症状会迅速显现。典型症状包括：①果皮变色，如香蕉冷害后果皮变黑；②凹陷斑点，如桃、李冷害后果面出现凹陷斑点；③果肉褐变，如菠萝、鸭梨采后快速降温、桃及李严重冷害后出现果肉褐变现象；④难以后熟，如榴莲、芒果、番木瓜、番荔枝等，冷害发生后，即使采用最适宜的催熟温度和外源乙烯浓度，也难以达到正常后熟；⑤气味变化，如蜜柚和沙田柚，冷害后，即使未转移到常温下，且果皮果肉也未出现异常变化，其果肉会出现一种特殊的"冷害"气味。

容易出现冷害症状的水果，称其为冷害敏感型水果，出现冷害的最高温度叫冷害临界温度。对同一冷害敏感种类，冷凉地区

生产或冷凉季节采收的，要比温暖地区生产或温暖季节采收的冷害临界温度低；成熟度高的要比成熟度低的冷害临界温度低。

在储藏冷害敏感水果时，冷害临界温度数值只能作为设定储藏温度的依据之一，还应结合储藏期、储藏微环境的相对湿度、该地区其他冷库往年储藏该品种的经验等因素综合考虑。因为目前试验所获得的冷害临界温度参数是由品种、地域、年份和试验设计及控温精准性等多种因素影响，只是一个较粗略的数值，同时商业性储藏衡量水果冷害是否发生，常以外观症状和货架表现为判断依据，如果储藏时间较短，在略低于临界温度下储藏，即使内部生理代谢发生了一定的异常变化，也不会对外观储藏质量和货架产生可见的影响。表 1－1 是几种主要水果的冷害参考临界温度和症状。

表 1－1　几种主要水果的冷害参考临界温度及症状

种类或品种	冷害临界温度（℃）	冷害症状
鸭梨	入库初期不低于 10℃	急速降温，易出现果心、果肉褐变
梨枣	1	果皮凹陷斑，果肉皱缩
橙（品种各异）	4～7.0	果皮褐斑
橘类、柑类（品种各异）	3.0～5.0	果皮凹陷及腐烂，水肿
香蕉（绿熟）	13.5～14	果皮下维管束变褐，皮色暗绿，难以催熟。完熟时果色暗黄，严重时果皮变黑，中央胎座硬化
菠萝	7～10	果肉转褐变黑，果皮黯淡，冠芽萎蔫，果肉水渍状
芒果（品种各异）	10～13	果皮变暗，出现凹陷的灰褐色斑点，不能正常后熟，严重时果肉转褐，风味劣变
火龙果	5	果皮色泽暗红，严重时出现淡黄色凹陷斑，果肉呈水浸状，风味劣变
红毛丹	10～12	果毛变黑，果壳变褐，果肉水浸状

（续表）

种类或品种	冷害临界 温度（℃）	冷害症状
山竹	12～14	萼片暗绿至褐色，皮色保持原入库前的色泽（血丝或粉红色）且色泽发暗，果实硬化，回温后容易腐烂
莲雾	12～14	冷害初期出现细小的凹陷斑点，逐渐扩大成群，最后果皮溃烂，霉菌侵染。冷害时果肉会出现水浸状，并有异味出现
番荔枝	8～12	果皮转黑变硬，出现斑点；果实难以后熟；已经后熟的果实，冷害后果肉褐变，并会溃烂成泥状
菠萝蜜	12～14	果皮转为黑褐色，果肉转为暗黄到浅褐色，严重时果实不能后熟
番木瓜	绿熟13， 完熟7	凹陷斑块，后熟不匀或不能后熟，严重时果皮出现水浸状；果肉沿维管束周围硬化

　　某些水果采收后，不可迅速储藏在较低的温度下，而需要一段缓慢降温过程，否则会出现果心褐变等生理病变，这种现象也可归结为冷害，如鸭梨采后急速降温储藏会出现严重的果心褐变（生产中称为"黑心"）。防止鸭梨"黑心"的方法是采用梯度降温，即果实入贮时的温度为12～15℃，起初以每5天1℃的梯度降温，将温度降到10℃，以后以每4天降1℃的梯度降温，将温度降至4℃，最后阶段每2天降1℃，将库温降至并稳定0～1℃，即在1.5个月左右的时间内，使库温由12～15℃逐渐降至0～1℃。

十四、水果贮运总损耗中包括腐烂损耗和自然损耗

　　水果产后的损耗主要包括腐烂损耗和自然损耗两部分，贮运过程中由生物危害如鼠害、虫害和鸟食等也会造成损失，但这是

18

次要的。自然损耗包括由于水果呼吸代谢引起的内含物质的消耗和由于水分蒸发引起的失重。在自然损耗部分，由于水分散失而引起的重量损失占自然损耗量的75%～90%，可见水果呼吸代谢所消耗的重量在总损耗中可忽略不计。水果贮运过程中腐烂损耗的变化幅度很大，既与采前的栽培管理及农业技术的合理应用密切相关，也与采后处理、贮运温度、湿度和气体成分等的合理掌握和应用有关。目前，多数资料显示，我国水果采后的平均损失率在20%以上，且腐烂损耗占主体部分。

在水果贮运保鲜过程中，人们总是希望把总损耗尽量控制得低一些。为此，最基本的措施是提供适宜的储藏低温；及时防治田间病虫害；尽量减少在采收、运输、分级、挑选等过程中的机械损伤；储藏库进行严格的消毒灭菌；生理调节剂、防腐保鲜剂和防腐措施的合理应用等，这些都是控制腐烂损耗的基本途径。其次就是通过选择适宜的包装，如一定厚度的聚乙烯（PE）保鲜袋或覆盖材料，减少水果水分的散失。如果综合措施应用得当，在各种水果推荐的不同贮运期内，发达国家和先进地区，水果的总损耗可以控制在5%以内。

十五、通风换气是水果储藏库设计和贮运期间不能忽略的问题

水果储藏场所有机械冷库、通风库或简易储藏场所。用于水果储藏的机械冷库，最低贮温不低于 $-4 ～ -3℃$，而储藏肉类、禽类的低温库库温要求在 $-18℃$ 左右。所以，在冷库分类上将储藏水果的冷库叫高温库，产地也有叫恒温库的。在水果储藏过程中，由于水果自身的代谢会不断地消耗氧，释放出二氧化碳、乙烯、微量的乙醛和乙醇等气体，加之冷库密封性较好，使得这些气体逐渐积累，二氧化碳超过储藏水果的忍耐极限，会对水果产

生高二氧化碳伤害，也会对操作人员的活动造成影响或危险。而乙烯、微量的乙醛和乙醇等气体无论积累浓度高低，都对水果的储藏产生负面影响，或是加速水果的成熟衰老，或是诱发生理病害。此外，气体长期不能良好地流动和更新，也容易滋生霉菌，增加水果的腐烂损耗。所以，在水果储藏库要设计有通风换气装置，在储藏期特别是储藏的中、后期，应在夜间库内外温差较小时，打开冷库通风窗，启动排风扇，将库内的空气排向库外，通风时间视风机大小和库容量而定。通风换气装置一般采用轴流风机，风机每小时的换气量一般为库容积的 25 倍左右。

为保证储藏产品和冷库空间的低温进行良好的热交换，促使冷库内不同部位温度尽量均一，保持库内经常性的空气流动也是十分必要的。储藏水果高温库内的冷分配设备一般都采用冷风机，在制冷降温的同时，由于冷风机的工作，库内空气处于较好的流动状态，而在制冷机停止工作的时段，通常冷风机也停止运行。所以要在制冷机不工作时，适当延长开启冷风机的时间，这就是冷库管理上讲的"适时启动制冷机，经常开动冷风机。"也可在冷库内专门安装控时运行的均风风机，可明显减小库内的温差和库温与品温的温差。

储藏水果的高温库，通常货堆之间的气流速度要求为 0.3 ~ 0.5m/s。产品刚入库、并具有较高的田间热时，库内的风速对加速产品预冷降温相当重要，要求库内风速以 0.5 ~ 2m/s 为宜，所以国外高温库内的冷风机常采用变频风机，可根据产品的储藏阶段调控库内风速。

十六、预冷是水果储藏保鲜中最重要的一个环节

水果采后预冷，是指利用专门设备和工艺将产品的田间热迅速除去，冷却至水果适宜运输或储藏的温度，最大限度地保持其

硬度和鲜度等品质指标，延长贮运期，同时减少贮运时制冷设备的负荷和能耗。预冷必须在采后的特定阶段内进行，方可获得最好的效果。

提出"专门设备"就是指严格的预冷是需要专门的设施（如差压预冷装置、真空预冷装置、冷水预冷装置等），而不是指背阴冷凉处，也不是指普通的冷库；"迅速除去田间热"就是在降温终点一定的情况下，降温速度要快，泛泛来讲，就是越快越好；"特定阶段"就是指在果蔬收获以后至贮运前的一个短暂阶段。所以，预冷最好在产地田头进行，以实现采后迅速降温。

目前，我国水果采后冷链流通率较低，专用的预冷设施还远未普及，生产中对预冷的重要性认识不足。为此，对预冷的理解和提法也有扩延，例如，生产中对采用塑料薄膜袋和大帐进行简易气调储藏的果蔬，将敞口在普通冷库中降温的过程叫做预冷，其目的是尽量使水果品温和库温一致，防止袋内或帐内结露，但降温时间往往较长，与严格的预冷概念和工艺是有差异的。

发达国家和先进地区，由于冷链技术普及，在预冷环节已经做到了及时、快速，因而产品贮运保鲜效果理想。我国大多数贮库目前还没有专门的预冷设施，普遍采取水果采后尽量快速进入冷库，冷库设计了较大的制冷量和较高的风速。常见的预冷方式有以下几种。

（1）普通冷库预冷。将采后挑选并装箱的水果（如苹果、梨、葡萄等）快速进入冷库，包装箱上有通风孔，箱内垫衬如采用薄膜包装袋的，应敞开袋口；堆码时箱子之间应留有足够的空隙，或将产品直接上架摆放，开启制冷机器，利用冷风机使空气强制循环流经产品周围，带走热量，使产品降温冷却（冷库内的气流速度通常是 0.5m/s 左右）。当产品降到要求的低温后，移到另一冷库或在同一库内按储藏要求将产品装袋或扎口，并重新进行合理摆放和堆码。普通冷库预冷速度较慢，因产品种类不

21

同，要求的预冷终点温度不同，一般需 1 ~ 2 天才能冷却到设定的低温。

（2）差压预冷。差压预冷是通过专用的差压式预冷装置进行的。多数差压预冷装置是放置在冷库内通过气流组织实现快速降温。通常是将水果箱排列成隧道式，果箱上的通风孔形成良好的气流通路，以保证果箱内有较高流速的空气通过，所以堆码时要特别注意不能使气流形成短路。差压预冷法冷却速度快，一般可在 4 ~ 6h 可将果温从 25 ~ 30℃降至 5℃左右，适用于多种果实的预冷。如在差压式预冷装置装上安装万向轮，可方便移动和操作。

（3）冷水预冷。将耐水包装箱内的水果或直接将水果浸泡在流动的冷水中，或采用冷水喷淋装置喷淋降温。冷水预冷装置一般做成隧道式，由制冷设备冷却浸泡槽内的冷水，果实靠传送带或依靠冷却水的流速来移动。冷水喷淋装置喷淋降温是在隧道上方喷淋 0 ~ 1℃的冷水至传送带上移动的水果上，传送带在隧道内缓慢运行，在 25 ~ 30min 果实温度可从 30℃降到 5℃左右。冷水预冷法适宜于荔枝、油桃、樱桃等水果预冷，在胡萝卜、甜玉米、菜豆等蔬菜上应用也较多。

（4）自然降温冷却。自然降温冷却并不属于严格意义的预冷，只能说是一种传统节能的简易冷却方式。它是将采后的水果放置在通风阴凉的地方，让产品所带的田间热自然散去。在没有其他合适预冷条件且自然冷源比较充沛的地区，自然降温冷却仍是一种较好的方法，如采后的苹果、梨如果采用简易储藏场所，采后可在阴凉背阴处先放置一个晚上，要比直接进入储藏场所的降温效果好。

十七、温度波动可造成包装品结露，加重水果腐烂

结露是指在果蔬的包装物或果蔬表面的凝水现象，也有人叫做"出汗"。结露对果蔬储藏极为不利，附着在果蔬表面的水珠有利于病原微生物孢子的萌发和侵入，导致和加速水果迅速腐烂，特别是贮运温度高时，结露的危害更加突出。

采用薄膜密闭包装储藏水果时，常因为预冷不充分、库温波动较大，水果采收时水分含量高等原因，出现薄膜内侧结露。这是由于当气体温度在露点以下时，过多的水汽从空气中析出而在物体冷热界面上凝结成水汽所致。果蔬包装温度、果实品温与储藏环境温度差值越大时，结露现象就越严重。一般情况下，果蔬储藏初期，产品的品温高，水分散发量大，库温的变幅也大，最容易出现结露。另外，从冷库或冷藏车中贮运的水果搬运至较高的温度下时，果实表面也会结露，所以贮运温度较低的果品出库时，应在 8 ~ 10℃的温度暂贮升温，以减少果面结露。

预防结露的主要途径是：水果充分预冷，尽量使品温和储藏温度接近后再封闭袋口和码垛；减小库温的波动，特别是冷库停电温度升高时不要开启库门；水果散堆储藏时，货堆不能太高，堆内应留有空隙或设置通风孔；采用薄膜袋进行简易气调储藏时，可选用水果储藏专用透湿袋包装储藏；科学地设定制冷设备的融霜时间和间隔，避免因融霜间隔太短或融霜时间设置太长使蒸发排管"干烧"而引起库温升高；出库时，若外界温度较高，与库温的温差达到 10℃以上，则需要采用库内密封包装及利用过渡温度库房缓慢升温的方法，防止果实表面在出库后高温状态下结露。

十八、水果品温与库温有密切关联 但需认真区分

水果的品温指水果果肉的温度，在田间生长时水果品温受栽培地点天气温度变化的左右，水果采后进入储藏环境，随冷库温度的降低品温下降。推荐的水果适宜的贮运温度，通常是指该种水果的果肉温度，但是品温又是通过冷库温度的设定进行调节的。例如葡萄要求的适宜储藏温度是 $-1 \sim 0℃$，就是指葡萄果肉温度在 $-1 \sim 0℃$ 的范围内是适宜的。那么储藏初期冷库设定温度原则上应略低于 $-1 \sim 0℃$，才能实现上述品温。至于库温设定应比品温低多少，与水果包装物、装量、堆码垛大小等有关，也就是说与影响水果热交换的因子有关。通常在储藏初期，由于田间热等因素，产品品温高于库温约 $0.5℃$。所以，可根据包装物种类不同，将库温降至低于产品储藏适宜温度 $0.5℃$ 左右，并通过探针温度计测定品温，以确定库温的升降幅度是否适宜，待品温达到要求时，就需要尽可能保持稳定的库温。所以说适宜的温度是针对水果而言，温度的调节是通过库温实现，二者虽密切关联但必须认真区分。应透过现象看本质，调节库温控品温。图 1-5 为无核白葡萄预冷期间用半导体探针型温度计测定品温，显示温度 $3.3℃$。

十九、钙对提高果蔬耐藏性作用显著， 应在田间科学增施钙肥

近年来，有关钙在果蔬采后生理方面的研究报道很多，钙的生理作用日益受到重视。研究发现，果蔬组织中钙的含量与果蔬的呼吸代谢、成熟衰老变化、某些生理病害的发生有密切的关

图1-5 用半导体探针型温度计测定预冷期间葡萄品温

系。增加苹果、鳄梨、番茄等果蔬组织的钙离子浓度，可有效地延缓果蔬的成熟衰老过程，降低呼吸速率，减少乙烯释放量，减轻采前和采后的多种果实生理病害。至于补充钙后对提高果蔬耐藏性是否产生明显效果，与施钙时间、树体状况、使用次数和土壤中是否缺乏可利用的钙等多种因素密切相关。

果树及蔬菜可以通过根系叶片果面吸收钙。采前将钙肥施入土壤，通过根系吸收的效果并不理想，因为钙施入土壤后，大部分被土壤固定起来，不能被根系吸收；加之钙在植物体内移动极为缓慢，地上部果实的增钙效果就很小。苹果、桃等生长期间在叶面多次喷布0.3%~0.5%氯化钙溶液的增钙效果比较理想。有人研究了苹果生长发育过程中钙含量的变化，发现在细胞分裂期积累的钙量为成熟果总钙量的90%，说明果实发育早期钙营养的重要性。因此，苹果树体喷钙应在盛花期后6~8周内进行，此阶段正值果实旺盛生长时，增钙的效果较好。

二十、乙烯是跃变型水果成熟衰老的启动剂

跃变型果蔬在采后的成熟衰老过程中，会发生一系列的生理生化变化，如果皮颜色的转变，果肉硬度的变化，果实糖分、酸度的变化，果实风味的变化等，在这些变化中，乙烯起着举足轻重的作用。许多研究结果表明，绝大部分呼吸跃变型果实，当自身产生的乙烯或环境中的乙烯积累到一定量时，会诱发果实呼吸强度的升高，促使其完熟衰老。所以说，乙烯是跃变型果实成熟最主要的启动物质。例如，当苹果自身产生的乙烯（内源乙烯）在果肉内积累到 0.1mg/kg 时，这一低浓度的乙烯即可诱导果实产生大量乙烯（也称自催化现象），导致果实很快达到完熟。此外，0.1~1mg/kg 的乙烯可以启动香蕉的成熟。在果蔬储藏保鲜上，利用乙烯、乙烯利等可使柿子脱涩、催熟香蕉、促使番茄转红。相反，利用乙烯吸收剂（如吸收饱和高锰酸钾溶液的载体）、乙烯作用竞争性抑制剂，可使储藏环境中的乙烯浓度保持在较低水平或减低乙烯的生理作用，从而延缓果蔬的成熟衰老。

对乙烯敏感的果蔬有猕猴桃、香蕉、芒果、柿子、苹果、黄瓜、西瓜等，储藏这些果蔬时，必须考虑排除或降低乙烯的措施。生产中主要从以下几方面入手：

第一，水果储藏库必须设计有通风换气扇，并适时进行贮库的通风换气，将乙烯尽量排出库外。

第二，使用化学或物理方法吸收和分解乙烯。目前，价格比较低廉且效果良好的乙烯吸收剂是高锰酸钾载体型乙烯吸收剂，使用时通常是将饱和高锰酸钾溶液吸附在载体上。常用的载体有膨胀珍珠岩、膨胀蛭石、沸石、硅酸铝、氧化铝等。高锰酸钾载体型乙烯吸收剂的吸收效率高低，既与载体的比表面积、孔隙率、造粒的大小有关，也与饱和溶液吸附在载体上后高锰酸钾含

量高低直接相关。采用沸石为载体材料，因其具有比表面积大、孔隙率适宜的特点，造粒直径一般为 1～3mm，采用特殊的制作工艺，高锰酸钾的含量可达9%以上。物理方法主要是通过紫外光清除器、臭氧发生器、氧化燃烧式乙烯脱除机等将乙烯氧化。

第三，在贮库中，不要将大量释放乙烯的果蔬和其他乙烯敏感型果蔬混存，以免前者释放的乙烯对自身和后者造成影响。

第四，使用乙烯竞争性抑制剂 1 - 甲基环丙烯（1 - MCP），可减少产品的乙烯释放速率和对储藏环境中乙烯的敏感性。

二十一、1 - MCP 对乙烯的催熟作用能起到竞争性抑制

1 - MCP 是 1 - 甲基环丙烯的缩写，是一环丙烯类化合物，为近年来发现的一种新型乙烯受体抑制剂，它能不可逆地作用于乙烯受体，从而阻断与乙烯的正常结合，抑制乙烯所诱导的与果实后熟相关的一系列生理生化反应。在美国，1 - MCP 已获准用于花卉、果蔬保鲜。由于其具有无毒、低量、高效等优点，在果蔬储藏保鲜上有着广阔的发展前景。

近年来，国内外科研工作者在菠萝、苹果、香蕉、梨、桃、猕猴桃、油桃等水果上研究发现，1 - MCP 对跃变型水果有明显延缓后熟衰老的作用，可使果品的储藏期和货架期大大延长。主要的作用体现在可显著抑制果实储藏期间乙烯释放速率，延迟乙烯释放高峰期，延缓果实色泽变化、减缓果实硬度降低、减少果实生理病害和病原性病害，可显著抑制苹果虎皮病和梨黑皮病的发生。但是，1 - MCP 使用不当也会产生负效应，诸如水果不能正常成熟变软、影响水果特有的风味品质和香气成分、色泽转变不均匀，或直接引起果皮和果肉伤害等。

目前 1 - MCP 类保鲜剂的剂型主要有粉剂、片剂和喷雾剂，

普遍采用的是粉剂，以熏蒸方式处理果实。1－MCP 抑制乙烯作用效应所需浓度与处理时间长短有关，处理时间越长，所需浓度越低，反之亦然；1－MCP 处理效果也与处理温度有关，处理温度高时，需要密闭处理的时间短，反之亦然；1－MCP 有效处理时期是在果实发生跃变、乙烯大量发生之前。

1－MCP 使用方法通常为：商品的 1－MCP 多数为粉末或制成片剂，已经将 1－MCP 吸收固定至载体上。使用时可按处理产品的种类或品种、处理空间的容积，将计算好使用量的 1－MCP 载体溶解于缓冲液（0.1mol/L 的 KOH 或 NaOH 溶液）或水中，1－MCP 气体就会立即释放出来。

处理浓度为 $0.5 \sim 1.0 \mu l/L$，如果使用 1－MCP 保鲜剂－"鲜博士"，则 1g 可处理苹果空间约 $15m^3$，此时理论浓度为 $1.0 \mu l/L$。处理后的苹果在 0℃下密封 24h 或 20℃下密封 12h。处理空间可以在冷库中搭建塑料大帐，也可在组合式冷库中进行，如果在组合式冷库中熏蒸，库门应采用适当的方式严密密封。

首次在新使用地进行使用时，必须做中试，效果适宜后，方可批量进行。

二十二、使用膨大剂、增色剂、增甜剂等调节剂会降低果蔬耐藏性

为了促使果蔬提前成熟，增加果蔬的产量或改善产品的色泽，有些产地在果蔬生长期间使用生长调节剂，如 2，4－D、赤霉素、果实拉长剂、开口素、着色素、增糖剂等，这些生长调节剂的使用确实在生产中发挥了明显的增产、增色、增甜等作用。但使用生长调节剂后，往往会使产品组织柔嫩，含水量增大，干物质含量相对减少，从而使果蔬的抗病性及耐藏性降低。主要表现在冰点提高，容易遭受冻害；忍耐低氧和高二氧化碳的能力降

低，容易遭受气体伤害；抗病性降低，容易染病。此外，A级、AA级绿色产品的生产都不允许使用生长调节剂。

二十三、果蔬腐烂损耗大多由病原微生物引起

果蔬腐烂损耗主要由病原微生物引起，由病原微生物引起的病害叫传染性病害。果蔬采后传染性病害的病原物主要是真菌和细菌，大约有30种真菌及细菌与果蔬采后严重腐烂和变质有关。此外，有些病原物可造成果蔬产品质量的降低，如苹果霉污病、香蕉黑星病等。这些病原菌使果蔬产品表面受损或产生污斑，影响外观，但不破坏内部组织；有的病原菌则使果蔬产生病斑并进一步导致腐烂，使产量受到损失，如果蔬的各种腐烂病；有些病原菌虽不影响产品外观，但破坏内部组织，也使品质和数量受到损失，如苹果霉心病等。由病原菌引起的果蔬贮运病害是果蔬贮运中的主要防治对象。病原微生物的侵入、快速生长和繁殖，与较高的温度和湿度、果实的抗病性和果蔬机械伤密切相关。

二十四、科学使用保鲜剂和保鲜膜，对水果贮运保鲜作用明显

果蔬采后贮运保鲜的最重要途径是控制适宜的低温，在此基础上，通过调节控制储藏环境的相对湿度、气体成分或进行必要的防腐保鲜处理，都是重要的辅助措施，也是贮运保鲜综合手段的重要组成部分。

部分水果采后通过使用保鲜剂可大幅度减低腐烂损耗，并广泛应用。目前果品贮运上应用的保鲜剂可大致分为两大类型。一是防腐剂，二是生理调节剂。对于可用于采后果蔬防腐或生理调节的保鲜剂，各个国家不完全相同。我国食品添加剂使用标准

（GB 2760—2014）收录的果蔬采后可以使用的食品添加剂类保鲜剂主要种类见表1-2。

表1-2　GB 2760—2014 收录的主要食品添加剂类保鲜剂

添加剂名称	食品名称	功能	最大使用量/（g/kg）或残留量（mg/kg）
硫代二丙酸二月桂酯	经表面处理的鲜水果	抗氧化剂	最大使用量 0.2
对羟基苯甲酸酯类及其钠盐	经表面处理的鲜水果	防腐剂	最大使用量 0.012，以对羟基苯甲酸计
巴西棕榈蜡	新鲜水果	被膜剂	0.000 4，以残留量计
2,4-二氯苯氧乙酸	经表面处理的鲜水果	防腐剂	残留量≤2.0mg/kg
二氧化硫，焦亚硫酸钾，焦亚硫酸钠，亚硫酸钠，亚硫酸氢钠，低亚硫酸钠	经表面处理的鲜水果	漂白剂、防腐剂、抗氧化剂	最大使用量 0.05g/kg，以二氧化硫残留量计
聚二甲基硅氧烷及其乳液	经表面处理的鲜水果	被膜剂	最大使用量 0.000 9g/kg
ε-聚赖氨酸盐酸盐	水果、蔬菜（包括块根类）、豆类、食用菌、藻类、坚果以及籽类等	防腐剂	最大使用量 0.30g/kg
吗啉脂肪酸盐（又名果蜡）	经表面处理的鲜水果	被膜剂	按生产需要适量使用
氢化松香甘油酯	经表面处理的鲜水果	乳化剂	最大使用量 0.5g/kg
联苯醚（又名二苯醚）	经表面处理的鲜水果（仅限柑橘类）	防腐剂	残留量≤12mg/kg
肉桂醛	经表面处理的鲜水果	防腐剂	按生产需要适量使用残留量≤0.3mg/kg

（续表）

添加剂名称	食品名称	功能	最大使用量/（g/kg）或残留量（mg/kg）
山梨酸及其钾盐	经表面处理的鲜水果	防腐剂、抗氧化剂、稳定剂	最大使用量 0.5g/kg，以山梨酸计
稳定态二氧化氯	经表面处理的鲜水果	防腐剂	最大使用量 0.01g/kg
乙氧基喹	经表面处理的鲜水果	防腐剂	按生产需要适量使用，残留量≤1mg/kg
紫胶（又名虫胶）	经表面处理的鲜水果（仅限柑橘类）	被膜剂	最大使用量 0.5g/kg

　　其他类型杀菌型保鲜剂有液体型、熏蒸型等。熏蒸型保鲜剂有效杀菌成分一般为噻苯咪唑，常用于蒜薹、冬瓜、甘薯等的熏蒸防腐保鲜；液体型保鲜剂的有效杀菌成分一般为咪鲜胺，常用于柑橘、香蕉、芒果等浸泡防腐保鲜。

　　一谈到果蔬保鲜，有人就考虑到使用保鲜剂，认为只要使用保鲜剂就可保鲜果蔬，避免腐烂；也有的人认为，使用保鲜剂就会产生水果的二次污染问题，目前大力宣传和强调绿色食品，化学保鲜剂就不能用了，这两种想法都是片面和错误的。前一种认识是对保鲜剂作用的片面理解和过分夸大，理由是因为果蔬保鲜必须以适宜的低温为基础，科学安全使用保鲜剂只起辅助作用；而另一方面，就目前科学技术的发展和生产实际而言，完全不用化学保鲜剂来长期储藏保鲜某些水果还很难做到，如葡萄的长期保鲜常使用可缓慢释放 SO_2 的制剂；香蕉、猕猴桃、桃、李、杏的贮运保鲜常使用乙烯吸附剂；香蕉、芒果销地催熟常使用乙烯或乙烯利等。因此，合理使用各种类型的防腐保鲜剂就显得十分重要。

　　果蔬采后使用保鲜剂，必须以保障食品安全为前提。保鲜剂的种类、使用浓度及残留量，使用者应严格遵守国家相关规定和标准。

聚乙烯（PE）、聚氯乙烯（PVC）和聚丙烯（BOPP）膜，在果蔬采后贮运期间使用，都是允许和安全的。有些资料和宣传中讲述聚氯乙烯有毒，其前提条件是：①氯乙烯单体超标；②使用在温度高的场合或油炸食品；③在熟食品或肉制品中。在上述条件下，氯乙烯单体可能迁移进入食品，对人体健康产生影响。水果非熟食和油炸食品，通常在常温或低温下贮运，用于水果贮运保鲜所使用的 PVC 树脂对氯乙烯单体有限制指标，所以果蔬贮运保鲜时，使用合格的聚氯乙烯薄膜也是安全的。

塑料薄膜通常做成塑料袋、塑料大帐在冷库或运输过程中使用，塑料袋厚度因装量不同，厚度也不同。比如，用于储藏巨峰葡萄 5kg 左右包装量的 PE 保鲜袋，适宜厚度一般为 0.03mm 左右；用于储藏蒜薹 20kg 包装量的 PVC 保鲜袋，宜厚度一般为 0.05mm 左右；用于储藏冬枣 5kg 的 PE 微孔保鲜袋，宜厚度一般为 0.015mm 左右；塑料大帐一般采用 PVC 大棚膜制作，厚度一般大于 0.12mm。

因为薄膜内小环境的气体成分与储藏场所明显不同，所以采用塑料薄膜包装储藏也叫自发气调储藏（MA 储藏）。采用 MA 储藏既有改变气体成分的作用，也有保持相对湿度的作用，所以采用塑料薄膜包装储藏注意的关键点是，使薄膜环境中的气体成分尽量适宜，不要因为预冷不透或温度波动使薄膜内结露。

二十五、贮场所消毒可大大降低菌源基数

果蔬储藏场所（包括简易储藏场所、通风库和机械冷库等），是果蔬储藏病害的主要初侵染源之一，对储藏场所进行清洁和消毒，可有效地减少和杀灭储藏场所中的病源物，减少储藏

病害的发生。要使冷库完全无菌是不可能的，但是贮库消毒可大大降低菌源基数。因而，在每次存放产品前，必须对储藏场所进行彻底清扫，地面、货架、周转箱等应进行清洗，以达到洁净卫生的目的。同时要对储藏场所、储藏用具等进行消毒杀菌处理，常用的杀菌剂及使用方法如下。

（1）高效库房消毒剂。国家农产品保鲜工程技术研究中心研制生产的 CT 系列高效库房消毒剂，为粉末状，具有使用方便、杀菌谱广、杀菌效力强、对金属器械腐蚀性小等特点。使用时将袋内两小袋粉剂混合均匀，按每 $5g/m^3$ 的使用量点燃，密闭熏蒸 4h 以上。

（2）二氧化氯消毒粉。二氧化氯是广谱、安全的 A1 级高效消毒剂。采用商品消毒剂二氧化氯消毒粉配制成水溶液，常用浓度 30～250mg/L，对细菌、真菌都有很强的杀灭和抑制作用。

（3）过氧乙酸。过氧乙酸是一种无色、透明、具有强烈氧化作用的广谱液体杀菌剂，对真菌、细菌、病毒都有良好的杀灭作用，分解后无残留，但腐蚀性较强。使用方法是，将市售的过氧乙酸消毒剂甲液和乙液混合后，加水配制成 0.5%～0.7% 的溶液，按每立方米空间 500ml 的用量，倒入玻璃或陶瓷器皿中，分多点放置在冷库中密闭熏蒸，或直接在库内喷洒。使用时注意保护操作人员的皮肤和眼睛等，也不能将药液喷洒在金属表面。

（4）臭氧化气体消毒。近年来臭氧消毒杀菌装置和技术在我国发展较快。果蔬储藏库采用臭氧化气体消毒有良好的效果。使用工艺一般是：按每 $100m^3$ 库容配置 5g/h 的臭氧发生器，库房消毒所需浓度为 7～10μl/L，维持时间应在 8h 以上。但是，产品储藏时使用的浓度要比消毒的浓度低许多，通常为 2～3μl/L 间隙处理。不同种类和品种的果蔬间具体浓度差异较大，要在试验结果可靠的基础上采用。

第二部分

水果预冷、冷藏及运输设施

第二章　水果主要预冷设施及其应用

一、水果预冷的概念和实践意义

水果预冷是指水果采收后在运输或储藏前，采取特殊的装置和工艺，快速将产品品温降至要求的适宜低温的过程。预冷和冷藏的显著区别在于：前者是通过一定的装置将果品田间热快速去除的方法，而冷藏则是将果品放入冷库中储藏的过程。当然这两者有联系，因为在冷库中也可以降温，但是它并不是一种快速降温的方式，更不是唯一降温的方式。目前由于我国的冷链尚未普及，在很多情况下，并没有专门的预冷装置或预冷库，不少人认为将果品放入冷库中降温的过程就是预冷，这种看法既不准确也不全面。

有研究报道指出，一些水果在26℃下1h的衰老进程，相当于1℃下1周的衰老进程。采收后的水果是活的生命有机体，温度的迅速降低是抑制其代谢活性最重要最有效的措施。当然，不同的水果在较高温度下的成熟衰老变化有明显差异，例如苹果、梨、山楂、柑橘类等水果，采后在较高温度下的变化要比桃、李、杏、樱桃、草莓、猕猴桃、柿子慢得多。耐藏水果品种如富士苹果、雪花梨等，在冷藏条件下的储藏期可达5~10个月，所以将降温时间由几十小时缩短至几小时或几十分钟，对保鲜产品直观上并无很大差异，而重点是要在较长储藏期内，尽量实现温度的恒定；相反，对于储藏寿命短，采后代谢强度高、变化快的水果，降至适宜贮运温度的时间由几十小时缩短至几十分钟，其作用和效果是相当显著的，如杨梅、蓝莓、樱桃、桑葚等水果，预冷后如进行储藏，要精准控温，最好采用近冰点储藏，如果进行运输，通常采用冷链运输或简易冷链运输。

目前，我国建造的水果储藏设施多数没有配套专门的预冷库。所以，为使入库后的产品尽快降低温度，生产上一般采用如下几种方式予以弥补。①在产品入库前通过预先将库温降低（比如储藏葡萄、冬枣的冷库可预先将库温降至 -2℃）以储蓄较多的冷源，当产品入库时温度回升较少，缩短一些降温时间；②控制每批次入库的数量一般不应大于总储藏量的25%，以缓解制冷热负荷集中导致降温时间长的弊端；③配置制冷量较大的制冷系统，水果预冷和冷藏兼用；④合理设计包装箱的开孔开口，根据包装箱承重、开口、内衬膜状况和冷库风向和风速，合理堆码包装箱。

二、水果预冷的主要方式和注意事项

（一）压差预冷

1. 压差预冷的概念和优点

压差预冷是通过一定的装置，在水果包装箱两侧形成压力差，迫使冷风以较高的流速进入货堆包装箱中，增加换热效率，快速将产品的热量带走。目前压差预冷常用形式是隧道式压差预冷。压差预冷的优点是，几乎所有的园艺产品均可使用，且预冷效率较冷库预冷可提高 2 ~ 6 倍，预冷时间仅为冷库预冷的1/10 ~ 1/4。如采用压差预冷配套的包装，猕猴桃、樱桃等水果的预冷时间可缩短至6h 左右。压差预冷气流组织原理见图2 - 1。

2. 压差预冷的形式

目前，我国压差预冷采用的主要形式是隧道抽风箱式压差预

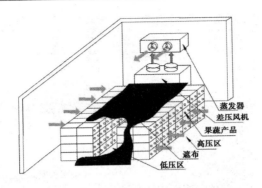

图2-1　压差预冷气流组织原理图

冷。它是将水果包装箱平行排列成两排，两排中间留有一定宽度的通道，用遮布覆盖通道上方和末端的开口，形成由水果箱、遮布围成的"隧道"，用具有较高风量和风压的抽风机做成静压风箱放置在另一端口，抽气口紧密对准隧道。当风箱内风机运行抽吸时，隧道内外就形成一定的压差，促使冷空气快速通过箱子上的孔隙进入箱内，从而加快了水果降温速率。产品降温需要的冷源通常是将压差预冷装置放置在冷库内，该冷库的制冷系统冷量配置通常较大，一般达同等容量普通冷库的3倍左右。隧道抽风箱式压差预冷装置见图2-2。

　　压差预冷装置的抽风口可做成多种形式，关键是选取的风机应满足风量和风压的要求，才能使货堆包装箱内达到设计的风速。图2-3为葡萄预冷库内装的压差预冷装置。

　　3. 影响压差预冷装置预冷速率的使用注意事项

　　影响因子和注意事项。①压差预冷关键在于包装箱内的气流组织，只有优化气流组织，货堆和包装箱内达到一定的风速（通常为1.5m/s左右），产品才能降温迅速。②由于采后不同果实的个体大小差异很大，即使同一种水果也有大小区分，在相同

图 2 - 2　隧道抽风箱式压差预冷装置

图 2 - 3　葡萄预冷库内装置的压差预冷装置

预冷条件下小个体果实中心温度容易达到预冷温度，而个体大的果实达到预冷温度的速度则相对较慢。③标准开孔的预冷包装结合规则堆码，果实容易快速达到温度要求，而随机式排列的果实预冷时间较长。塑料周转箱因气流组织难以均匀控制，所以产品预冷的均匀程度差，应对压差预冷装置进行相应的针对性改进。④一些预冷后的水果立即进人市场或冷库，要求的预冷终点温度相对较高，而需要进行长途运输的水果则要求预冷到较低的温度，通常为 1～4℃。⑤压差预冷由于加大了气流速度，所以库内要配置加湿装置，控制预冷期间产品的失水不超过 2.5%。

（二）真空预冷

真空预冷原理是，在常压下将水加热到100℃开始沸腾，温度降至 0℃时结冰。压力降低时水的沸点为也随之降低，例如将压力降至 613.28Pa 时水的沸点降为 0℃。依据随着压力降低，水的沸点也降低的物理性质，将预冷水果置于真空槽中抽真空，当压力降低并达到一定数值时，水果表面的水分加速蒸发，从而使得果实品温降低。

真空预冷方法的优点是果蔬冷却速度快，适宜于比表面积大的果品（小果类）或蔬菜，如杨梅、草莓、蓝莓、叶菜类、结球类蔬菜、食用菌等。采用真空预冷，果蔬初温由35℃降至3℃时需 20～35min；在真空槽内由于各点压力均匀，所以产品预冷均匀；冷却能力大；预冷清洁卫生，无交叉污染；不受包装限制，用纸箱、塑料等包装的产品在真空冷却时，其冷却速度与不包装的产品几乎无差别。真空预冷装置见图 2－4 和图 2－5。

图 2－4　真空预冷装置（圆柱形）

图 2 - 5　真空预冷装置（矩形）

（三）冷水预冷

冷水预冷是用冷水喷淋或将产品浸在冷水中来进行冷却的一种快速有效的预冷方法。和空气相比，液体作为冷却介质具有较高的热容量和放热系数。比如静止空气的放热系数为 9.30 ~ 11.62W/（m^2·k），而液体达 220.82 ~ 232.44W/（m^2·k），当液体流速为 0.5m/s 时，放热系数为为 1 150.6W/（m^2·k）。冷水预冷的水温一般保持在 1 ~ 2℃。预冷时间在十几分钟到几十分钟不等。适宜于冷水预冷的水果，必须是经冷水预冷沥干浮水后，对其贮运性不产生明显负面影响的水果，如荔枝、油桃、甜玉米、莴苣、石刁柏、胡萝卜和樱桃等。

冷水预冷成本低、预冷时间短。但为了节能冷却水通常反复循环使用，因此通过过滤、使用消毒剂等方式减少冷水的污染，是采用冷水预冷时应注意的问题。冷水预冷装置见图 2 - 6 和图 2 - 7。

图2-6　冷水预冷装置（喷淋式）

图2-7　冷水预冷装置（浸泡式）

三、冷库内冷却方式

冷库内冷却是一种没有特别组织气流的冷却方式，也是我国目前应用最广泛的水果冷却方式。它是将水果直接码放至冷库内冷却，靠库内冷空气与包装箱内水果的温差，通过热对流和热传导逐渐使箱内的产品温度降低。如果冷库内的蒸发器为排管，空气流速很低，即使采用冷风机，一般冷库风速设计在 1m/s 以下。

与专门的预冷设施相比，冷库内冷却速度慢、冷却时间长。库内气流速度越大，水果包装物的热交换越好，水果的散热和降温速度就越快。水果表面放热系数和风速的关系，可参见表2-1。

表2-1 不同风速中食品放热系数

风速（m/s）	0	自然对流	1.5~2	3~8
放热系数 （W/（m²·k））	5.8	<8.1	11.6~23	23~35

实地试验调查表明，新疆吐鲁番某冷库 8 月份在冷库中预冷鲜食葡萄，在净容积为 180m³ 的冷库内安装 15 匹制冷量的比泽尔半封闭制冷压缩机和蒸发面积为 200m² 的冷风机，预冷 10 吨塑料箱装葡萄，每箱装量为 5kg，品温由 27℃降至 1℃，预冷时间为 20~22h。如果塑料带孔箱六面都用纸张做缓冲垫衬，预冷时间长达 28h。由此可见，采用普通冷库预冷降温速率要比专用预冷装置慢许多。

此外，包装物的特性、开孔面积都对产品的降温速度有影响，图 2-8 所示的是采用保温泡沫箱在上述冷库预冷红地球葡萄，由于通风孔面积少且开孔位置不合理，并在封盖情况下预冷，品温由 27℃达到 0℃的预冷时间长达 60 多小时。设计科学的泡沫箱应该具有足够的通气面积，且在箱子堆码时不宜遮挡住通风孔，见图 2-9。

所以，没有专用预冷装置需要利用冷库预冷时，应尽量做到

图 2 − 8　采用泡沫箱冷库预冷红地球葡萄
（箱上通风孔数量少，位置不合理）

图 2 − 9　水果贮运泡沫箱
（箱上开孔数量和位置适宜）

以下 3 点：①冷库制冷机组的制冷量要高于普通储藏库，通常是普通冷库的 3 倍以上；②冷风机的风压和风量也要比普通冷库的大，使库内货堆间风速达到1m/s左右；③水果包装物应有足够的开孔率，箱间留有一定的间隙。

入冷库时间的长短直接影响冷库预冷的效率，而出库的速度既影响效率又影响预冷的效果。这是因为已经预冷完毕的水果出库装车的快慢，直接左右产品温度的回升。生产中通过科学安排入库时间，尽量在一天内温度相对低的夜间出库装车，而采用半机械或机械方式入库和出库是缩短出入库时间的最有效方式，图2-10所示为新疆吐鲁番某公司利用传送带对葡萄进行快速入库预冷。

图2-10　通过传送带将葡萄快速入库预冷
（新疆吐鲁番某公司）

第三章　水果冷藏设施设计与建造

一、机械冷藏库建造的一般要求

（一）果蔬储藏机械冷库建造概述

在具有良好保温隔热和隔汽防潮性能冷库建筑的基础上，通过设计安装专门的制冷系统，消耗一定的电能或机械能，使得冷库内得到各种果蔬储藏所需要的适宜低温。采用机械冷库储藏果蔬，具有不受外界高温环境影响，可以终年维持冷库内所需要的低温，库内相对湿度调控比较方便等优点。

冷藏库设计建造包含的主体内容有库体建筑和制冷设备两大部分，前者属于特殊仓库类建筑范畴，后者属于制冷机械设计安装部分。概括来讲，小型或微型果蔬机械冷库的建造主要包括以下程序：库址选择；水源、电源和运输条件的合理解决；建筑安装图纸设计和建筑材料的准备；科学合理施工；调试运行。

果蔬机械冷藏库库体建造形式主要分为两大类，一是砖混结构冷库（也称为土建库），二是组合式冷库（也叫组装式冷库、装配式冷库）。

1. 砖混结构冷库

建筑物的主体一般为钢筋混凝土框架结构和砖混结构，可建成单层或多层。这种冷库的围护结构属重体性结构，热惰性较大，室外空气温度的昼夜波动和围护结构外表面受太阳辐射引起的昼夜温度波动，在围护结构中衰减较大，故围护结构内表面温度波动就较小，库温较组装式冷库易于稳定。

砖混结构冷库建筑的基本构造主要由地基与基础构造、保温地坪构造、隔热墙体构造、隔热屋盖构造等部分组成。在建造冷库时，除应满足冷库建筑低温高湿的使用要求外，要特别注意隔热层和隔汽防潮层的设置和施工质量，以及防"冷桥"处理。

2. 组合式冷库

组合式冷库的建造主要由围护结构罩棚、预制夹芯板等组成。预制夹芯板两侧多采用彩色钢板、铝板或不锈钢板，两层金属板中间夹的保温材料通常为硬质聚氨酯或聚苯乙烯等有机隔热保温材料。

组合式冷库的围护结构通常为轻型钢结构，按夹芯板和维护结构的相互关系，组合式冷库可分为外框结构型式和内框不加结构形式，目前国内通常采用外框架结构型式的组合式冷库，预制夹芯板多选用彩钢板中间夹硬质聚氨酯的预制隔热板，见图3－1。

图3－1 工厂生产的预制聚氨酯保温板

3. 食品冷库温度类型

食品储藏加工的冷库一般分为 3 种温度类型的冷库：①温库。高温库也叫冷却物冷藏间、恒温保鲜库，主要用于储藏保鲜果蔬、花卉等园艺产品，库内设计温度一般在 0℃左右。②低温库。低温库也叫冻结物冷藏间，是用来储藏经过冻结以后的肉类、水产品、冷冻果蔬等食品的，库内设计温度一般在 −18℃左右。③速冻库。速冻库也叫冻结库、速冻库，是专门设计用于快速冻结食品的，库内设计温度一般为 −30 ～ −20℃。

（二）果蔬机械冷库制冷设备

1. 单级压缩式制冷系统制冷原理

果蔬保鲜用冷库属于高温库，由于使用库温一般在 0℃左右，通常采用单级压缩式制冷系统。单级压缩式制冷系统的工作原理可以简述为：利用汽化温度较低的液态制冷剂的蒸发，吸收果蔬储藏环境中的热量，从而使库温下降。通过制冷压缩机将汽化后的制冷剂吸回并加压，在冷凝器中制冷剂将吸收的热量传递给冷却介质水或空气，自身温度得以降低，冷凝成液体，然后再通过节流膨胀蒸发吸热，如此循环即可实现库内连续制冷。

2. 单级压缩式式制冷系统的构成和制冷循环

机械冷库制冷系统的四大基本部分包括压缩机、冷凝器、节流阀（膨胀阀）、蒸发器。整个制冷系统由管路连接，构成一个密闭的循环回路。管路内充注制冷剂，制冷剂的流向为：压缩机→冷凝器→储液干燥过虑器→节流阀→蒸发器→压缩机。见图3 − 2。

压缩机在制冷系统中起着压缩和输送制冷剂气体的作用，即把蒸发器内蒸发产生的低压低温气体制冷剂吸回，压缩为高温高压制冷剂气体送入冷凝器。

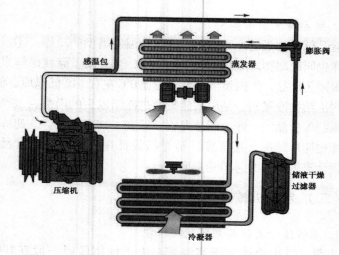

图 3－2　单级压缩制冷循环示意

　　冷凝器用来对压缩机压入的高温高压制冷剂气体进行冷却和冷凝，在一定的压力和温度下，把高温高压的气体液化成常温高压的液体。

　　节流阀安装在冷凝器和蒸发器之间，是系统内高压区和低压区的一个分界点，其作用是将高压制冷剂液体节流膨胀变为低压的液体，同时也是调节和控制制冷剂流量的关卡。

　　节流膨胀后的低压制冷剂液汽混合体在蒸发器中蒸发，变成低温低压的气体，吸收冷库中的热量，使库温降低，达到制冷的目的。

　　在单级压缩制冷系统中，分为高压区和低压区两部分，压缩机的排气端至节流阀前为高压区，节流阀后至压缩机吸气端为低压区，排气压力表和吸气压力表分别近似显示出这两部分的压力。压缩机在整个制冷系统中起着类似人体心脏的作用，提供能量补偿过程，迫使汽化后的制冷剂加压并重新液化。冷凝器和蒸发器是两个热交换器，冷凝器的作用是使高温高压制冷剂气体放热，是热量的排放器件；蒸发器使低压制冷剂液体吸热，是热量的吸入器件。制冷剂在管路中通过相变放热和吸热，是热能运载的工具。

3. 制冷系统四大基本组成部分简介

压缩机、冷凝器、节流阀（膨胀阀）、蒸发器是单级压缩制冷系统的四大基本组成部分，以下作简要介绍。

（1）制冷压缩机和制冷压缩冷凝机组。制冷压缩机是专门用来对制冷剂气体进行压缩和输送的设备。根据动力输入端和压缩机结构方式的不同，制冷压缩机可分为开启式、半封闭式和全封闭式三大类。开启式压缩机主要用在制冷量较大的氨制冷系统上，即主要是氨压缩机；半封闭式和全封闭式制冷压缩机目前主要用在氟利昂制冷系统中，即主要为氟利昂压缩机。目前，采用较多的氟利昂半封闭和全封闭压缩机品牌有比泽尔、三洋、谷轮等。

压缩冷凝机组与压缩机有关，但是不等同于压缩机。它是指将压缩机、冷凝器和辅助部件（如电磁阀、干燥过滤器、高低压力保护器等）用管道连接起来，并组装成一个整体。压缩冷凝机组主要用于小型制冷装置或小型及微型冷库上

（2）容积式压缩机及三种类型。依靠改变压缩腔的内部容积大小，来吸入和排出制冷剂气体的压缩机叫容积式压缩机。容积式压缩机包括活塞式、涡旋式和螺杆式三种类型。目前果蔬保鲜库用开启式氨压缩机、半封闭氟利昂压缩机主要是活塞式压缩机；小型及微型冷库使用的全封闭压缩机不少是涡旋式压缩机；螺杆式氟利昂制冷压缩机主要用于冷负荷需要量较大的冷库。

氨压缩机、氟利昂半封闭压缩机组和氟利昂全封闭压缩机组，见图3-3（a）、图3-3（b）和图3-3（c）。

（3）氟利昂并联机组。并联机组是指两台或两台以上的压

图 3 – 3（a）　　氨开启压缩机

图 3 – 3（b）　　氟利昂半封闭压缩机组

缩机并联共用一套制冷回路而组成的制冷机组。根据制冷温度和制冷量的不同，并联机组的形式可多种多样：同一套机组可以由同一型号的压缩机组成，也可以由不同型号的压缩机组成；可以

图 3-3（c）　　氟利昂全封闭压缩机组

由同种型式的压缩机组成，也可以由不同型式的压缩机组成。既可以负载一个单一的蒸发温度，也可以负载多个不同的蒸发温度；既可以是单级系统，又可以是双级系统；既可以是单循环系统，又可以是复叠式系统等。

　　在设计冷库时，我们会根据用户储存货物的需要，来判断冷库制冷机组是单机机组还是并联机组。并联机组与单机机组相比，最主要的优点在于其可靠性。单机机组如果出现故障，哪怕只是一个压力保护，也会出现保护停机，使冷库处于停机状态，对库内存放货物的质量造成影响；而并联机组中的某台压缩机出现故障时，其他压缩机仍可继续正常工作，不会对储存的货物造成太大的影响。其次就是并联机组的节能。并联压缩机组更好地匹配了制冷系统的动态冷负荷，通过调节整个系统中压缩机的开停，避免了"大马拉小车"的情况，例如，冬季制冷量需求少的时候少开压缩机、夏季制冷量需求大的时候多开压缩机等，使得压缩机组的吸气压力保持恒定，大大提高了系统的效率，节省电耗15%左右。在美国、欧洲等发达国家和地区，并联压缩技术已经成为商用制冷市场的主流产品。目前我国的大中型冷库、低温物流配送中心和超级购物中心正在飞速发展当中。由此可见，对于储存货物量较大（500t以上就可以考虑设计成并联机组）、热负荷变化较大且所需温度要求严格的用户来说，并联机组是个很好的选择。氟利昂并联机组外形见图3-4。

图3-4 氟利昂并联机组外形

（4）冷凝器。冷凝器是制冷系统中的热交换设备，是制冷剂向外放热的热交换器。从压缩机输出的制冷剂蒸汽进入冷凝器后，将热量传递给冷却介质空气或水，自身因受冷却凝结为液体。冷凝器按其冷却介质和冷却方式，可分为水冷式、空气冷却式（也称风冷式）和蒸发式3种类型。

水冷式冷凝器。冷库如采用氨制冷系统，通常储藏量较大，冷库总热负荷就较高，所以配套使用的冷凝器绝大多数采用水作为冷却介质，也就是使用水冷式冷凝器。根据其安装和结构不同，水冷式冷凝器又可分为立式壳管式冷凝器和卧式壳管式冷凝器两种。制冷量较大的氟利昂制冷系统，也多采用水冷式冷凝器。

风冷式冷凝器。冷库如采用氟利昂制冷系统，由于冷库总热负荷通常较小，所以，冷凝器既可采用空气作为冷却介质，也可采用水作为冷却介质。如果冷库位于我国南方并在夏季使用，就应该采用水冷式冷凝器，因为南方地区夏季外界气温很高，风冷冷凝器的冷却效率较差。风冷式冷凝器是利用空气对制冷剂蒸汽进行冷却和冷凝的，冷却和冷凝过程中放出的热量被空气带走。由于空气的传热性较差，采用空气冷却式冷凝器时，其冷凝温度较高，有时可达 40～50℃，致使冷凝压力升高，制冷机效率降低。不需要冷却水是风冷式冷凝器的突出优点，特别适用于缺水或者供水困难的地区，或者是夏季室外温度不太高的地区以及冷凝压力较低的制冷剂上使用。此外，由于采用风冷式冷凝器的机组，不会发生因缺水或断水引起的机械故障，所以目前这种冷却形式的小型制冷装置应用很普遍。近年来，随着水资源短缺矛盾的突出，空气冷却式冷凝器正在逐渐向中大型发展，在冷凝压力较高的氨制冷装置上也开始应用。

蒸发式冷凝器。蒸发式冷凝器是一种既使用水又使用空气的冷凝器，近年来在氨制冷系统、氟利昂并联机组制冷系统等需冷量较大的冷库，蒸发式冷凝器得到了广泛的应用，尤其适合在常年相对湿度较低的地区使用。蒸发式冷凝器作用原理是：制冷系统中压缩机排出的过热高压制冷剂气体经过蒸发式冷凝器中的冷凝排管，使高温气态的制冷剂与排管外的喷淋水和空气进行热交换，气态制冷剂由上口进入排管后自上而下逐渐被冷凝为液态制冷剂。配套引风机的强风使喷淋水完全均匀地覆盖在盘管表面，水借风势，极大地提高了换热效果。温度升高的喷淋水部分变为气态，利用水的汽化潜热由风势带走大量的热量，热气中的水滴被高效脱水器吸附，与其余吸收了热量的水，散落到淋水片热交换层中被流过的空气冷却，水温降低进入水箱，再经循环水泵继续循环。蒸发到空气中的水分由水位调节器自动补充。

（5）蒸发器。蒸发器也是换热器，也叫冷分配设备。在蒸发器中，制冷剂液体在较低的温度下沸腾，转变为蒸汽，并吸收被冷却物体（如冷库中的果蔬）或介质（如冷却盐水或乙二醇冷媒）的热量，所以蒸发器是制冷系统中吸收热量的设备。

根据冷却介质的不同，蒸发器可分为冷却液体的蒸发器和冷却空气的蒸发器，而冷却空气的蒸发器可分为冷风机和冷却排管。在果蔬机械冷库中应用最普遍的是冷风机。一些储藏梨的冷库为了减少梨水分散失，也有采用排管的，近年来铝排管配合积水盘在不少梨储藏库中得到了推广应用。

根据制冷剂的种类，冷风机又可分为氨冷风机和氟利昂冷风机。氨冷风机蒸发面积和重量一般较大，在冷库内安装多为落地式，氟利昂冷风机多数为吊顶式。两种类型的冷风机都是使用风机促使空气强制流动的热交换器。根据使用中需要融霜的要求，氨落地冷风机安装有水充霜或热气融霜系统，氟利昂吊顶式冷风机既可设计成电热冲霜，也可以设计成水充霜系统。

氟利昂吊顶式冷风机的型号按用途不同可分为 3 类，DL 型用于高温库（落地式为 LL），DD 型用于低温库（落地式为 LD），DJ 型用于冻结间（落地式为 LJ）。但目前不少制冷工程师在小微型冷库上常将 DD 型冷风机用于高温库，这是由于 DD 型冷风机翅片间距离较大，翅片间不易被结霜覆盖堵塞，可延长冲霜间隔，减少冲霜次数，产品预冷时间也会有所缩短，实践证明这种方式是可取的。小型吊顶式冷风机和采用吊顶式冷风机的水果保鲜微型库见图 3－5（a）和图 3－5（b）。

冷风机宜布置在冷库靠近库门的一侧，以便于操作管理、节约制冷管道和给排水管道。冷库较大时，通常都要设计与冷风机配套的均匀送风道。均匀送风道通常安装在冷库沿进深方向的中

图 3 - 5（a）　小型吊顶式冷风机

图 3 - 5（b）　采用冷风机的微型葡萄保鲜库

部，见图 3 - 6。国外在均匀送风道设计上多采用低风速条缝型喷口，出口风速约为 1.5m/s，射程 5m 左右。

图 3 - 6　水果冷库中安装的均匀送风道（风嘴式）

（6）节流阀。节流阀也叫膨胀阀、调节阀，装置在氟利昂系统上的膨胀阀可在一定范围之内自动调节开启度，所以将其称为热力膨胀阀。节流装置在制冷系统中既是控制制冷剂流量的调节阀，又是制冷装置的节流阀。它在制冷系统中位于冷凝器的贮液器和蒸发器之间。

在氟利昂制冷系统中，热力膨胀阀的作用是使常温高压的制冷剂液体节流降压，变为低温低压制冷剂湿蒸汽（大部分是液体，小部分是蒸汽）进入蒸发器，在蒸发器内汽化吸热，从而达到制冷降温的目的。热力膨胀阀上的感温包包扎在蒸发器出口处的管路上。通过热力膨胀阀的控制，使蒸发器出口处管路中的气体保持一定的过热度，这样既能保证蒸发器传热面积得以充分利用，又可防止压缩机出现液击现象。

热力膨胀阀可分为内平衡式和外平衡式两种，内平衡式适用于蒸发器管路阻力损失较小的情况下，所以小型氟利昂制冷装置，一般采用内平衡式热力膨胀阀。当蒸发器较大，且蒸发器内压力损失较大（超过 24.53kPa）时，应当采用外平衡式热力膨胀阀。目前在容积 120m³ 以上的果蔬保鲜库上多使用外平衡热力膨胀阀。

4. 制冷系统主要辅助部件

单级压缩制冷系统主要辅助部件包括电磁阀、温度控制器、压力控制器、干燥过滤器等。

（1）电磁阀。在制冷系统中，电磁阀装置在贮液器至膨胀阀之间的液体管路上，以切断和开启对膨胀阀的供液。在氟利昂单机单库制冷系统中，电磁阀和压缩机电路常连接成连锁控制，即压缩机启动时，电磁阀同时开启，压缩机停止工作时，电磁阀也立即关闭。电磁阀的作用是防止压缩机停机后再次启动时造成"液击"。所以电磁阀在系统中不能省掉。在单机多库的制冷系统中，可利用电磁阀的开启和断开，实现一台压缩机不同库间的温度控制。单机多库的制冷系统，电磁阀的启闭通常由各库温度控制器控制，当温度控制器的触点闭合，电磁阀电路接通，电磁阀开启，库间开始供液制冷；反之电磁阀关闭，停止供液制冷。

国内电磁阀的生产厂家很多，但是进口品牌的电磁阀使用性能相对稳定，同时价格也相对较高。"丹佛斯""卡士妥"等品牌在业内使用比较普遍。

（2）温度控制仪。温度控制仪简称控温仪，是用来自动控制冷库温度的一种开关，在氟利昂制冷系统中普遍应用。目前应用普遍的电子温度控制仪如意大利小精灵（DIXELL）温度控制器，配套的感温传感器多数采用 PT100 铂热电阻。品牌可靠的温控仪，温度控制上下限区间的差值通常设定在 1℃ 以内，数显温度值为小数点后 1 位。温控仪上带有融霜设置的功能，可根据储藏产品、储藏量和使用季节设定适宜的融霜时间和融霜间隔，融霜时间一般设定 20min 左右。根据绝大多数果蔬的适宜储藏温度范围，温度控制仪的实际调整范围通常在 $-3 \sim +13℃$ 的范围

（如储藏大蒜最低可设定 -3℃，甘薯、芒果和香蕉为 13℃），温度控制精度一般为设定温度 ±0.5℃。

热电阻测温系统一般由热电阻、连接导线和显示仪表等组成。如果热电阻的连接导线较长时，由于电阻变化会对测定结果造成影响，需采用三线制接法。

PT100 铂热电阻的阻值跟温度的变化成正比，其阻值与温度变化关系为：温度为 0℃时 PT100 的阻值为 100Ω，在 100℃时它的阻值约为 138.5Ω，即 PT100 的阻值随着温度上升增加，线性关系良好。

（3）高压和低压控制器。高压和低压控制器是受压力讯号控制的开关，通常是在系统内压力超过设定的上限或低于设定的下限时，控制器触点断开，使压缩机停止工作，因而也叫压力保护器。高压压力控制器用于制冷压缩机的高压侧控制，即安装在排气管道上；低压压力控制器用于制冷压缩机的低压侧的控制，即安装在回气管道上，它们都是用来控制压缩机非正常工况运行的。

使用高压压力控制器来控制排气压力，一旦超过设定值，控制器立即切断压缩机电路。为了避免高压保护控制器时常保护，对容易造成系统内压力过高的原因必须有所了解：①压缩机启动时排气管路的阀门未打开或开启度不够；②水冷式冷凝器发生断水或水量供给严重不足；③系统中不凝性气体（主要是空气）过多；④冷凝面积配置不足、灰尘堵塞或空气流通不畅。

制冷系统的吸气压力过低也会对压缩机的安全运行产生不利，吸气压力低常由下列原因造成：①系统内制冷剂不足、系统发生堵塞或供液阀未打开；②电磁阀工作不正常；③蒸发器结霜严重。如果在吸气压力很低的情况下运行，虽然不会发生致命危险，但有空气更容易进入系统、制冷效率明显降低等弊端，涡旋式制冷压缩机常因吸气压力过低导致排气温度高而保护，所以当低压减低到一定下限时也应通过低压控制器予以保护。

（三）制冷工质

1. 氟利昂22

氟利昂22可简写成R22，它的化学名称是二氟一氯甲烷，标准沸腾温度为 −40.8℃，凝固温度 −160℃。通常冷凝压力不超1.57MPa，不燃、不爆，比使用氨安全性高，所以R22是我国目前制冷与空调装置中广泛应用的制冷剂。

R22可与润滑油部分溶解，其溶解度随温度的降低而减少；与水的溶解性比R12大，所以在使用R22做工质的制冷系统中，也要安装干燥过滤器，并要求制冷剂中的水分含量不大0.0025%。纯的R22对金属没有腐蚀作用，但能腐蚀镁和含镁超过2%的合金。

当节流阀前的温度为35℃，蒸发温度为 −10℃时，R22的单位容积制冷量为2 424.92kJ/m³，与氨相差不多，压缩终温介于R12和氨之间。

R22对大气臭氧层有破坏，破坏臭氧潜能值（ODP）为0.055，全球变暖系数值（GWP）1 700。

为保护地球的臭氧层，我国是参加《蒙特利尔议定书》缔约国的发展中国家，在2003年4月我国政府就已批准参加了1993年制订的《哥本哈根修正案》，我国已承诺在2016年起冻结R22的生产量，并于2040年前完全淘汰R22，但允许继续生产15%的冻结量供维修用。我国目前正在充分利用国际协议中规定的禁用R22的过渡宽限期，在此期间内最大限度地发挥性质优异、技术成熟而价廉的R22在制冷空调领域中的历史作用。

2. 氟利昂134a

氟利昂134a可简写成R134a。它的化学名称是1，1，1，

2—四氟乙烷，属于纯工质，是近几十年内被允许选用的主要过渡性制冷剂。其标准沸腾温度为 -26.1℃，凝固温度 -101.0℃，沸点时的汽化潜热约为 215kJ/kg，比 R12 沸点时的汽化潜热 465.3kJ/kg 要低。R134a 的臭氧破坏能力相对系数（ODP）为 0，不属于破坏大气臭氧层的受控物质，目前主要用于替代 R12，用在汽车空调、冰箱、运输冷藏等场合。与 R12 相比，水在 R134a 中的溶解度更小。因此在使用 R134a 的制冷系统中，对系统的干燥和清洁要求更高，需要采用吸水性更好的干燥过滤器。R134a 的化学稳定性良好，与传统的矿物油不相溶，可以使用聚二醇类和聚酯类两种润滑油。

3. 氟利昂 404a

氟利昂 404a 可简写成 R404a。它是由 R125、R - 134a 和 R143 混合而成，属于非共沸环保制冷剂。在常温下为无色气体，在自身压力下为无色透明液体。R404a 的标准沸腾温度为 -46.5℃，破坏臭氧潜能值（ODP）为 0。R404a 通常用于低温冷冻系统，可替代 R22 及 R502，目前已得到世界绝大多数国家的认并推荐为主流低温环保制冷剂。

4. 氟利昂 410a

氟利昂 410a 可简写成 R410a，它是由 R32 和 R125 两种组分组成的混合物，是目前为止国际公认的 R22 最合适的中长期替代品，并在欧美、日本等国家得到普遍应用。氟利昂 410a 的标准沸腾温度为 -51.6℃，破坏臭氧潜能值（ODP）为 0。与 R22 相比，R410a 的制冷量显著提高，因此为设计更小更紧凑的空调设备提供了可能。R410A 具有近共沸的物性，在整个运行范围内，制冷剂温度滑移小于 0.2℃，在制冷空调系统中不会发生显著的分离，即不会由于泄漏而改变制冷剂的成分，在售后维修再补充过程中，无须排放掉系统中剩余的制冷剂。

R410a 化学和热稳定性高，水分溶解性与 R22 几乎相同。但是 R410a 的压力比 R22 要高得多。对于风冷而言，高低压压力范围通常是高压 28～35bar，低压在 6～8bar。

5. 氟利昂 407C

氟利昂 407c 可简写成 R407c，它是由 R32、R125 和 R134a 多组分组成的混合物，属于非共沸制冷剂，也是目前为止国际公认的 R22 最合适的中长期替代品之一。其标准沸腾温度为 -43.6℃，破坏臭氧潜能值（ODP）为 0。R407c 在热工特性上与 R22 最为接近。由于属于非共沸混合物，其成分浓度随温度、压力的变化而变化，这对空调系统的生产、调试及维修都带来一定的困难，对系统热传导性能也会产生一定的影响。特别是当 R407c 泄漏时，系统制冷剂在一般情况下均需要全部置换。

二、果蔬小型和微型保鲜库

（一）小型和微型冷库概述

按照商业性冷库大小分类标准，小于或等于 1 000t 的冷库属于小型冷库。依照每吨果蔬占 5.5～6.0m³ 空间概算，1 000t 的冷库容积为 5 500～6 000m³，这样大小容积的冷库虽然划分为小型冷库，但目前以民营经营为主或农民建设的产地果蔬储藏库，多数储藏量在 1 000t 以下，不少农民和专业合作组织建设的小冷库（家庭式冷库）储藏量甚至只有几十吨，俗称为微型冷库。

果蔬微型冷库是一种与我国现行的农村家庭联产承包生产体制以及农村及农民的经济与技术水平相适应的机械恒温库，当然也可用于果蔬批发市场或建造成产地联体库群。它具有建造快、造价较低、操作简单、自动化程度高、保鲜效果良好等特点，是农民及农村专业合作组织等调节果蔬淡旺季、实现果蔬减损增值的重要储藏设施和手段。由于我国农村家庭联产承包责任制政策将长期稳定不变，所以，在今后相当一段时间内，我国农民的生产经营还是以自主的、小规模的方式为主体。如何把千家万户的小规模生产和日益重视质量和安全的大市场有机结合起来，发展产地节能储藏场所，推广易于操作和掌握的小型和微型冷藏设施，是适合我国目前国情的果蔬保鲜的主要途径之一。

目前，对微型冷库没有相关的标准，对其容积也没有严格的定义，一些工程技术人员常将库容积在 500m³ 左右、储藏量在 100t 左右的机械冷库称作微型冷库，以区别于商业上划定的小型冷库。微型库有以下主要特点。

（1）实用性强。微型冷库及成套设备，充分考虑了农村及农户的使用特点、维护管理水平和农村电网电压常不稳定的情况，采用优质半封闭或全封闭制冷压缩机，主要控制器件通常也采用品牌产品，以保证机组在相对差的运行条件下的稳定可靠运行；制冷系统采用自动温控，通常可在 −5～15℃ 范围内任意调整设定温度，控温温差一般为设定温度 ±0.5℃。可根据实际需要设定融霜时间和融霜间隔，实现自动融霜。

（2）造价低廉。产地建造一座容积为 120m³ 左右的微型冷库，库体造价 2.5 万～3 万元，设备投资 2.5 万元左右，合计 5万～5.5 万元，可储藏苹果、梨、葡萄等"实心"水果约 2 万kg，青椒等"空心"蔬菜 1 万 kg 左右。如果利用结构和坚固性良好的旧房或仓库等场所改建微型冷库，可减少土建费用的25% 左右。

（3）易于操作管理。机组操作简单，一般设有自动和手动双位运行功能，设有高压、低压、过载等自动保护装置，同时配有电子温度显示，方便用户观察库内的温度。正常使用时可像空调、冰箱一样方便，无须专人一直看护。

产地专业合作组织及农民建造的微型冷库虽然形式不同、储藏的水果种类不同，但均体现了上述特点。将多间微型冷库集中建设在一起，但是分户单独投资、管理和使用，既便于技术普及和交流，管理精细，也容易形成销售市场，见图3-7。

图3-7　多间微型冷库集中建设

（二）微型冷库的参考设计参数

依据国内冷库建造相关标准，国家农产品保鲜工程技术研究中心依据多年的实践经验，对微型冷库的库体设计和建造进行了总结和规范，并提出下列参考设计参数。随着对微型冷库使用实践经验的积累和相关研究的完善，会不断优化设计参数（表3-1）。

表3-1　微型冷库的参考库体设计标准

序号	项目	内容
1	库温设计	正常使用温度范围-3~15℃，控温精度范围≤±0.5℃

（续表）

序号	项目	内　容
2	库体保温性能	屋顶、外墙的传热系数≤0.27W/m². ℃，单位面积传热量（热流密度）≤10.5W/m²
3	库内外设计温差	≥35℃
4	隔热材料选择	组合式冷库墙体和库顶：聚氨酯彩钢板10～15cm、聚苯乙稀彩钢板15～20cm；砖混结构冷库墙体和库顶：膨胀珍珠岩、膨胀蛭石、玻璃棉≥40 cm、稻壳≥50 cm；地面保温 xps 挤塑板10cm。
5	隔汽防潮层	最简易的做法是在保温层两侧设置≥0.1 mm 厚度的防老化 PVC 塑料薄膜，正规的做法是采用 SBS 卷材做"三油两毡"
6	通风换气	应留有安装轴流风机的通风口，风机换气量须满足 20 倍左右库容
7	库体走向和外露面涂色	最宜南北走向，北开门；涂白色或乳白色以减少吸热
8	库内温差与波动幅度	库内贮货区不同位置温差≤1℃；热电融霜时库温回升≤3.5℃，货物升温≤0.35℃
9	机房环境要求	要求冬季保温，夏季通风良好；设置排风和进风口。最低温度不低于－5℃，最高温度一般不高于35℃；电气控制柜可安装在机房内
10	参考容积、库门尺寸参数（人工堆码）	容积 90m³：6m×5m×3m；容积 120 m³：7.0m×5m×3.5m；1 容积 50 m³：7.5m×5.5m×3.5m（长×宽×高）库门尺寸（门洞尺寸）：宽 1.0～1.2m，高 1.9～2.0m

（三）小型及微型冷库的建筑与施工

1. 组合式小型及微型冷库

组合式小型及微型冷库所用库板类型，主要是硬质聚氨酯彩钢保温板和聚苯乙烯彩钢保温板。由于聚氨酯彩钢板是在彩钢钢板设定的间距中现场发泡，且聚氨酯的导热系数小，所以保温性能明显好于聚苯乙烯彩钢保温板。

　　组合式小型及微型冷库具有占地面积小、施工速度快、外形整洁美观、清洁方便、可以拆装等优点。缺点是库房热惰性小，存放货物后温度回升相对快，耗电略高；造价通常比砖混结构冷库略高。组合式小微型冷库外形见图3－8（a）、图3－8（b）和图3－8（c）。

图3－8（a）　组合式小型冷库及氟利昂机组

　　库板的质量直接关系冷库的保温隔热性能，国家相关标准是：硬质聚氨酯彩钢保温板的隔热材料密度为≥40～50kg/m³；导热系数 ≤0.022W/m℃；抗压强度≥0.2MPa；离火自息时间≤7s；抗弯强度≥0.25MPa。我国温度非极端地区采用硬质聚氨酯彩钢保温板设计库板厚度是：墙板100～150mm，顶板150mm，特殊寒冷和炎热的地区墙板和顶板厚度可根据气象资料适当加厚。

　　组合式小型或微型冷库库板之间的连接方式有：①镶嵌连接；②PVC连接；③H型铝材连接；④挂钩连接。一般由专业

图 3－8（b） 组合式微型冷库外形

图 3－8（c） 组合式微型冷库库体及制冷机组

施工人员施工建设，具体过程不再阐述。

现以果蔬产地建设的 50t 组合式微型冷库为例，说明微型组合式冷库建设的相关工艺和技术要求。

（1）库体设计参考标准。结合微型库的特点，库体设计参考标准见表 3-2。

表 3-2　微型冷库的参考库体设计标准

序号	参数名称	要求
1	参考储藏量（吨）	50
2	库内净容积（m³）	≥300
3	参考外形尺寸（长×宽×高）（mm）	10 560×7 680×4 200，在满足库内容积的前提下可适当调整
4	库体保温结构	墙板厚≥100mm、顶板厚≥150mm 的聚氨酯双面彩钢板（密度 40kg/m³±2kg/m³），阻燃 B2级。彩钢板厚度≥0.476mm。严寒和高温地区可适当增加墙板厚度至≥150mm
5	保温门类型和要求	1 350×2 300 平移门，芯材为 100mm 聚氨酯保温板（密度 40kg/m³±2kg/m³），阻燃 B2 级。严寒和高温地区可适当增加保温板厚度
6	制冷机组	12HP 制冷机组，制冷量（-10/40℃工况下）≥17.4kW；DD60 冷风机 2 台；外平衡热力膨胀阀
7	电源和功率	3P/AC，380V±10%，50Hz；装机功率 12kW
8	基础、钢结构、防雨遮阴棚	根据建设地实际情况设计施工

（2）基础设计。按照库体占地面积，首先下挖 700mm 以上。自下而上的参考做法为：地基夯实；根据地基情况做 300mm 以上"三七灰土"；100mm 素混凝土；≥0.12mm 厚塑料大棚膜热合平铺；100mm、强度大于 0.25MPa 聚苯乙烯挤塑板分两层错缝平铺；≥0.12mm 厚塑料大棚膜热合平铺；100mm 混凝土地面（C25 混凝土加 6mm 钢筋，间距 150mm）。此外，冷库地坪标高要高出库外地面 200~250mm，防止雨水灌入冷库。地坪做法示意图见图 3-9。

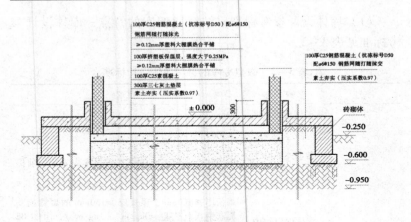

图 3-9 微型冷库地坪做法示意

（3）防雨雪、遮阴罩棚。冷库顶板是平顶，雨雪会增加活荷载，且太阳辐射热也会增加制冷耗能，所以要做防雨雪、遮荫罩棚。微型冷库简易钢构罩棚可做成人字形，参考做法为：采用70mm 无缝钢管制作高度为 5m 的 8 根立柱，立柱下焊接钢板座，采用膨胀螺栓将立柱座固定于地面的水泥基座上。顶部采用跨度为 8m 的人字架与立柱焊接，棚面采用 0.5mm 的彩钢瓦楞板。微型冷库简易钢构罩棚见图 3-10。

2. **砖混结构微型冷库**

砖混结构微型冷库通常由冷藏间、缓冲间和机器房 3 部分组成，也有的省略缓冲间，仅设置冷藏间和机器房。为了进出货物方便，通常设计为地上式建筑，南北走向，以北开门为主。根据冷库的容积和使用年限，一般采用砌筑式砖混结构，农村建设的微型冷库也有建成土屋盖结构的。

（1）墙体隔热结构介绍。目前，微型冷库墙体隔热结构的做法大致有以下 3 种，分别叙述如下。

①采用夹层墙填充松散性隔热材料：砖墙体配置的厚度一般

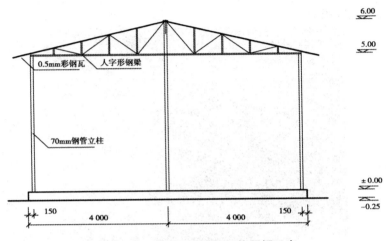

图3-10　微型冷库简易钢构罩棚示意

是：240＋240mm，墙体采用机红砖，保温材料可用膨胀珍珠岩、膨胀蛭石、矿棉、玻璃棉等。

②采用砖墙夹整体式隔热板材：砖墙体配置的厚度一般是：240＋240mm或240＋120mm，外承重墙采用机红砖，内衬墙也可采用水泥空心砖、水泥珍珠岩轻体砖等，保温材料一般选用容重大于18kg/m³的聚苯乙烯泡沫板（简称苯板）。

③采用外墙为砖墙：在砖墙内侧现场喷涂聚氨酯保温层后做防护。做法是：外墙内侧水泥砂浆找平，其上设置木龙骨，现场喷涂聚氨酯，再在木龙骨上固定彩钢板保护层。这种方式结合了组合式冷库和砖混结构冷库的优点，保温良好，便于库内清洁，内部的彩钢板保护层可起到保护隔热材料、防火、便于清洁的作用，缺点是施工比较麻烦。有的转混结构冷库在喷涂聚氨酯后，再在其上挂网，用特俗配置的水泥砂浆抹一防护层，见图3-11。而不少冷库直接在维护结构上喷涂聚氨酯后，不做防护，其缺点是喷涂的聚氨酯保温层容易受到机械损伤，也存在一定的火

71

灾安全隐患。

图 3 – 11　在喷涂的聚氨酯保温层上用特种水泥砂浆做保护层

　　下面具体介绍 3 种隔热墙体的做法。

　　甲．砖墙夹整体式隔热板材的做法。最常见的做法为：由冷库外向冷库内依次为 20mm 厚 1∶2 水泥砂浆抹面；240mm 厚砖墙水泥砂浆砌筑；1∶2 水泥砂浆找平层；SBS 卷材做"三油两毡"防潮层（简易做法是双面胶带粘贴 0.12mm 厚的整体大棚膜）；150mm 厚的聚苯乙烯泡沫塑料（容重 > 18kg/m³，先贴 100mm 厚的板，然后错缝再贴 50mm 厚，用塑料铆钉固定压紧）；0.12mm 厚大棚膜防潮层；120mm 厚轻型保温墙，水泥砂浆砌筑；20mm 厚 1∶2 水泥砂浆抹面。

　　乙．维护墙体内侧喷涂聚氨酯保温层、彩钢板做保护。由冷库外向冷库内依次为 20mm 厚 1∶2 水泥砂浆抹面；240mm 厚砖墙水泥砂浆砌筑；1∶2 水泥砂浆找平层；其上设置木龙骨，现场喷涂 100 ~ 150mm 厚自熄性聚氨酯，要求平整；再在木龙骨上用拉铆钉做彩钢板保护层。

丙．夹层墙填充松散性隔热材料。多数内外砖墙体配置的厚度是 240 + 240mm。最常见的做法为：由冷库外向冷库内依次为 20mm 厚 1：2 水泥砂浆抹面；240mm 厚砖墙水泥砂浆砌筑；1：2 水泥砂浆找平层；SBS 卷材做"三油两毡"防潮层；根据所用保温材料的种类，留 40～60cm 的夹层空间；240mm 厚内砖墙水泥砂浆边砌筑边抹夹层面；水泥砂浆抹内面。内墙上现浇混凝土顶盖、外墙上做好防晒防水阁楼屋盖，砌体充分干燥后，方可从阁楼层内将松散保温材料灌入，并适度压实。对于果蔬储藏高温库，水汽压高的一侧是在大气环境一侧，所以可以做外墙内侧单面防潮防水层，做到水汽"难进易出"。常见松散保温材料有膨胀珍珠岩、膨胀蛭石、矿棉、玻璃棉、稻壳等。

（2）隔热屋顶的做法。隔热屋顶的做法一般分两类。一是整体式隔热屋顶，二是分开式隔热屋顶，也叫阁楼式隔热屋顶。

微型冷库整体式隔热屋顶的隔热层做法通常采用下帖法或聚氨酯喷涂法。如果采用砖墙夹整体式隔热板材的做法，可采用下贴法，即在钢筋混凝土屋面板底面设置隔热层，常采用轻质整体隔热材料，如聚苯乙烯泡沫塑料板等。屋面板上面是找坡层和 SBS 卷材防水层。做法是：可先在钢筋混凝土屋面板底面固定木龙骨，然后将第一层聚苯乙烯泡沫塑料板固定在木龙骨上，第二层泡沫板可用粘接剂和第一层粘接，并用塑料铆钉适当加固，两层聚苯乙烯泡沫塑料板总厚度 15～20cm。

分开式隔热屋顶是将屋面防水结构和隔热层分开，上面是普通的隔热防水屋面，常见形状有拱型和"人"字架型。要求排水通畅，不渗漏雨水，有一定隔热效果，其下是一定高度的空间，然后采用轻质整体隔热材料或松散隔热材料。比如采用两层 100mm 厚的聚苯乙烯泡沫塑料板（容重大于 $18kg/m^3$）错缝铺设，结构支撑构件可用 30mm × 4mm 的角钢，泡沫塑料板上铺一层厚度 0.10mm 以上的整块大棚膜，大棚膜上再压 100mm 以上厚度的松散隔热材料，如膨胀蛭石、膨胀珍珠岩等。此外，在隔热层上的空间必须设置通风窗，以便于夏季空气层间的通风降温和更换保温材料。产地砖混结构、分开式隔热屋顶果蔬保鲜库外形见图3–12。

图3–12　分开式隔热屋顶果蔬保鲜库外形

（3）地基和基础。不同地区、地域和建库地址，由于土质及冬季冻土层深度不同，地下水位高度不同，地基和基础的做法也不尽相同。因多数微型冷库是建成单层的，所以可参照当地普通砖混结构房屋的地基承载力和基础深度做法。

（4）地坪的做法。通常冷库地坪标高应比库外地面标高高出200～300mm。由下向地坪面的参考做法为：30cm"三七灰土"夯实；10cm素混凝土层；SBS卷材防水层（或厚度0.10mm以上的大棚膜热合成一体双层）；100mm厚聚苯乙烯挤塑板保温层错缝铺设；厚度0.1mm以上的大棚膜热合成一体双层；100mm厚的C25钢筋混凝土面层（配筋6mm，中距150mm双向）。

（5）库门及通风设施。砖混微型冷库因容积小、储藏量少，采用人工进出库，所以库门要设计的小一些。通常库门洞高 1.9~2.0m，净高 1.8~1.9m，门洞宽 1.0~1.2m，净宽 0.8~1.0m。库门为保温门，通常选用厂家制作的标准保温门较为便捷。要求开启灵活，封闭严密，并有库内安全推手。

与冷风机相对的一侧的库内墙上竖向中上部位置，留一个 600mm×600mm 的通气窗洞，装置轴流式排风扇，通风窗洞中心位置距屋顶隔热层下面约 750mm 即可。

第四章 水果运输设施及应用

为了适应市场需求，水果采后的流通是必须的。鉴于我国气候多样，水果种类繁多，且总产量大，损耗率高，所以流通运输环节的保鲜越来越显得重要，已经由过去单一重视"静态保鲜"（冷库保鲜）向既注重静态保鲜也注重"动态保鲜"（运输保鲜）转变。

一、水果运输方式及选择

从运输方式来分析，水果运输主要有公路、铁路、水路和航空四大方式，在这四大运输方式中，冷链运输的比例虽在逐年提高，但与发达国家和地区相比，我国的差距还相当大，目前水果常温运输仍占主流。以下对 4 种主要运输方式的特点做简要介绍。

1. 公路运输

在水果运输方面，公路运输除在路网建设、货源组织等方面具有明显优势外，机动灵活，运输速度快、适应性强，可以满足"门对门"的服务要求等都是其优点。虽然有运送里程在 800km 以内距离的，公路冷链运输成本比较低的测算，但许多长距离、高附加值、需要赶市场的果蔬，公路运输量也很大。出口的大宗果品不少也通过公路运输，如每年通过满洲里口岸我国出口果蔬几十万吨。

从公路冷藏运输来看，目前果蔬公路冷藏运输约占总冷藏运输的 3/4，近距离运输几乎全部选用公路运输。但是因信息不畅造成冷藏运输有车难找货、有货难找车，以及返程空驶等问题也时有出现。

2. 铁路运输

水果铁路运输具有运载量大，运价比公路低，适宜长距离运输等特点。但是，伴随民营企业参与果蔬冷链运输的比例不断增加，小批量、多批次、多样化的水果冷链运输要求，使得铁路运输的工作更加复杂且火车批量运距离运输的优势进一步弱化。另外，铁路运费定价相对稳定，不易形成旺季增收、淡季吸引顾客的优势。所以，铁路对冷藏水果运输的份额远低于公路。

但是，近一两年，随着全国高速铁路网的快速发展以及铁路货运改革不断深入和细化，开辟了铁路货物快运业务。货物快运列车实行定点、定线、定车次、定时、定价的"五定班列"。自2014年9月初以来，全国18个铁路局（集团、公司）已先后开行了各具特色的快运列车。随着高铁的不断发展，铁路货物运输开展高速快捷化运输，以高附加值、时效性强、批量小的货物为重点，将是未来铁路货运市场提高竞争力的焦点，将会对改变铁路运输水果份额逐年下滑的被动局面，对提升水果运力，对南果远距离运输（如进西藏水果、发东北的水果）以及西果东运（新疆水果运往南方）有开创性作用。同时"一带一路"战略的实施，也是一个可以让铁路行业重新自我认知、实现自我提升、完成跨越发展的有利契机。此外，铁路运输是进出口水果运输的主要途径之一。

3. 水路运输

水果水路运输有装载量大，单位运费低等特点，但是运输时间通常较长。比如从智利的车厘子或蓝莓海运到中国上海港口，需要近1个月；从菲律宾进口香蕉至中国，海运时间为7天。

据资料报道，截至2008年年底，全世界船厂基本上停止设计建造专业化冷藏船，凡是达到船龄极限的专业化冷藏船大多被送到拆船厂，取而代之的是越来越多的冷藏集装箱运输。在冷藏船集装箱与冷藏船的竞争中，冷藏集装箱胜出。因此，冷藏集装箱逐渐成为了远洋冷藏航运的主力。

虽然目前冷藏集装箱的实用远远多于冷藏船，但是，冷藏船能够一次性承运大批量货物，这是冷藏集装箱不能代替的。因此，未来冷藏船与冷藏集装箱将会出现专业化分工，这两者将会在自身适合的领域中快速发展。

4. 航空运输

航空运输做大的特点是速度快，但是，运量小，单位价格高。如包机空运 100t 蓝莓，相当于 4~5 个集装箱的量，经 23h 左右飞行，由从智利可直达大连，但是售价比同期海运的要高出约 50%。所以，目前采用空运的水果主要是高端货种，如车厘子、蓝莓、莲雾等。航空冷藏运输是将需要运输的货品装入集装器（ULD，也称为航空集装箱）内。一般的冷藏运输集装器采用干冰作为冷媒，最近也研发出了采用机械压缩式制冷方式的 ULD。

以上介绍的是四种主要运输方式，有时采用单一方式运输往往由于难以满足"门对门"与效益之间的优化而不能满足企业的要求，客观上需要一种既能降低企业的成本、又能满足市场需求的合理运输组织方式—多式联运。所谓多式联运是指由两种及其以上的交通工具相互衔接、转运而共同完成的运输过程，也叫复合运输。国际间水果的运输不少采用多式联运。

二、水果主要运输设备介绍

（一）冷藏汽车

2014 年，我国的冷藏汽车和保温汽车保有量约为 7.6 万辆，总量与需求差距仍很大，专业服务能力不强，运输效率不高，成本偏高的问题普遍存在。因信息不畅造成冷藏运输有车难找货、有货难找车，以及返程空驶等问题也时有出现。因为冷链运输成本要比普通车运输成本高许多，所以，目前不少果蔬流通经营者宁愿使用普通车运输，接受一定的腐烂率和品质下降，而取得相对经济省钱的运输成本。因此，除出口果蔬基本能做到冷藏运输外，目前国内的果蔬流通主要是靠常温运输或产地冷库预冷后覆盖保温材料运输。图 4 - 1 是新疆吐鲁番无核白葡萄经冷库预冷后，覆盖棉被和塑料薄膜进行常温运输。

图 4 - 1　预冷后的无核白葡萄覆盖棉被常温运输（新疆吐鲁番）

1. 冷藏汽车的分类

冷藏汽车广义上讲泛指运输易腐货物的专用汽车。只有隔热车体而无制冷机组的称为保温汽车；有隔热车体和制冷机组，且箱内温度可调范围、下限低于 -18℃、用来运输冻结货物的叫冷藏汽车。也有将具有隔热车体和制冷机组（兼有加热功能），箱内温度可调范围在 0℃ 左右，用来运输新鲜货物的冷藏汽车叫保鲜汽车。图 4 - 2 为冷藏汽车外形图。

图 4 - 2　冷藏汽车外形图

2. 冷藏汽车的制冷方式

我国冷藏汽车绝大部分采用机械制冷方式。蓄冷板制冷因装备质量较大，占用较大的空间和载质量，因此都难以取代机械制冷机组，但是然蓄冷板可以利用夜间低谷电力蓄冷，再供白天运输使用，它与机械式冷藏汽车相比，有节约能源的特点，所以在冷藏汽车中仍有一定份额。

3. 冷藏汽车的隔热性能要求

国内较大的冷藏汽车生产企业，其生产的车厢隔热性能是按 A 级水平要求的，即传热系数 $K \leqslant 0.4 \mathrm{W/m^2 \cdot k}$。目前国内冷藏汽车上所用的制冷机组主要靠进口，如美国的冷王（Thermo King）和凯利（Carrier）系列，韩国的火星系列和日本的三菱系列制冷机组。

4. 运输水果的冷藏汽车控温精度

货箱内的调温精度对水果运输保鲜质量影响较大，国产冷藏

汽车一般定为 ±2℃。调温精度越高，箱内温度就越能更好地满足水果对适宜温度的要求。

5. 冷藏汽车的装载量和运费

一辆长 15m、宽 2.5m、高 2.9m 的冷藏汽车，可装载葡萄近 30t。从新疆吐鲁番到山东潍坊约行驶 55h，运费成本 1 000 元/t 以上（享受绿色通道政策）。

（二）铁路冷藏车

1. 机械冷藏车

目前，我国铁路冷藏运输车辆有机械冷藏车（简称机冷车）、冰保车和冷板车等，使用较多的是机冷车和冰保车。机冷车车型主要有：国产 B19 型和 B23 型，进口的 B21 型、B22 型。一般是由五辆编组的：一辆发电乘务车辆加四辆保温货物车，其中单节运输量 45.5t，5 节车组实际运输量至少可达 182t。为适应小批量、多批次、多品种冷链运输的要求，国内开发了单节车型的 B10 型、B10A 型、B10B 型和改进型。

2. 加冰保温车

我国加冰保温车以 B11、B8 等车顶式冰箱保温车为主。它有 6 个鞍形冰箱均匀分布在车顶上。每个冰箱容积为 1.7m³，全车共能载冰 10.2m³。根据广东商业部门的经验采用 B8 型车顶式加冰保温车，将全部六个冰箱加满，在平均 25 ~ 30℃ 的外温下，24h 内的降温过程耗冰量为 1.8 ~ 2.0t，以后每 24h 耗冰量为 0.8t 左右。

（三）冷藏集装箱

1. 冷藏集装箱的基本特点

冷藏集装箱实际上是一个移动式的冷库，它是运输需要保持一定温度的冷冻货或冷却货用的集装箱。在通常的外界温度下，能使箱内温度保持在 $-25 \sim 25℃$ 的任一温度上。制冷装置的标准电源一般为 $440V \times 60Hz \times 3\phi$，但装置内藏变压器以后，世界各主要港口的电源一般都可使用。冷藏集装箱本身并未设计冻结和冷却容量。因此，原则上在装载冷冻或冷却货物时，一般在装箱前要求对货物进行预冷（即所说的冷货装柜），在货物温度降低至给定温度以下，然后装箱。"鲜活易腐货物运输规定"，冷却货物的承运温度，除香蕉、菠萝为 $11 \sim 15℃$ 外，其他冷却货物的承运温度为 $0 \sim 7℃$。因而，严格地说，冷藏集装箱是一种带有制冷装置的、能把具有一定低温的货物保持在该温度下进行运输的隔热集装箱。

冷藏集装箱只要一供电，就能使箱内空气进行冷却、加热或通风。在陆地运输时，为了能不间断地向冷藏集装箱的制冷装置供电，应采用带有发电机的专用底盘车拖运。一般冷藏集装箱在码头的堆场上靠陆上电源供电，在铁路上靠发电机组供电，在集装箱船上靠船上电源供电。

2. 冷藏集装箱内的冷风循环

冷藏集装箱内的空气循环是由蒸发器的风机驱动的。蒸发器的风机将冷风从箱底通过 T 型轨道吹出，通过货物侧壁的凹槽风道，箱门内壁凸条形成的风道，吸收外界传入的热量和果实呼吸代谢释放的热量。经过热交换升温的空气，通过箱顶板和货物上部形成的回风道再被吸回蒸发器，经过蒸发器进行热量传递，形成冷风，反复进行该过程的结果，就能保持箱体内要求的低温。这种冷风循环形式又叫下出风的冷藏集装箱，上出风冷藏集装箱由于有不少缺陷，因而上出风设计已经淘汰。

3. 冷藏集装箱的一般技术要求

①要求能达到国际间通用；②在一定条件下制冷装置能正常

工作；③具有良好的抗腐蚀性和防水性；④具有良好的隔热和密封性；⑤要求装冷冻货物时，箱内温度能保持在 $-20 \sim -18℃$，装冷却货物时，箱内温度控制自动转为冷却温度；⑥要求外界温度在 $-35 \sim 35℃$ 的条件下，冷藏集装箱能正常使用，温度控制器的控制精度达到 $\pm 0.5℃$。

4. 冷藏集装箱采用的制冷装置

冷藏集装箱采用的制冷装置主要的供应商有美国开利（CARRIER）、冷王（THERMOKING）、日本的大金（DAIKIN）、三菱（MITSUBISHI）。冷藏集装箱采用的制冷装置安装在冷藏集装箱的前框内，制冷装置的外形尺寸一般为 $2\,026\,mm \times 2\,235\,mm \times 420\,mm$，并由隔热结构把框架分成内外两部分。蒸发器、加热器及温度传感器在内部，其余的电气、制冷系统均在外部。不同厂商和型号的制冷装置都有特定的冷冻或冷却设定模式。制冷机组尽管外观不同，构造各异，但功能几乎相同，由电脑、压缩机、冷凝器、冷凝风机、蒸发器、蒸发风机及各种控制阀件等组成。机组的电脑功能很齐全，它有一显示窗和操作键盘，用于显示各种数据（显示箱内温度、设定温度和机组运行时的各种参数等）。电脑将机组的工作状态按所设定的温度自动分为冷藏、冷冻两种模式，控制机组按设定的要求自动准确地维持箱内的温度。温度控制器的控制精度达到 $\pm 0.5℃$。

5. 冷藏集装箱的尺寸等参数

冷藏集装箱的外部尺寸为：20 英尺冷藏集装箱箱的外径约为 $6.10\,m \times 2.438\,m \times 2.62\,m$，内容积尺寸为 $5.69\,m \times 2.13\,m \times 2.18\,m$，净容积约 $26\,m^3$，配货毛重一般为 $17.5\,t$；40 英尺*冷藏箱的外经约为 $12.19\,m \times 2.438\,m \times 2.62\,m$，内容积尺寸为 $11.8\,m \times$

---

* 1 英尺 = 0.3048 米

2.13m×2.18m，净容积54m³。20 英尺冷藏集装箱装载苹果一般为 9~12t，40 英尺冷藏集装箱装载苹果一般为 20t 左右。水果运输中使用尺寸最多的就是上述两种尺寸的冷藏集装箱，而现在生产制造的主要是 40 英尺的冷藏集装箱。

冷藏集装箱的净高是指从载货线（红色装货线）算起到箱底通风轨轨面的距离；内侧宽度是指从侧壁内衬板最高处到相对面侧壁内衬板最高处之间的距离；内侧长度是从箱门内衬板凸条里侧到端壁内衬板凸条里侧的距离。

6. 采用冷藏集装箱运输水果时的主要注意事项

采用冷藏集装箱运输水果时，主要注意事项如下：①装货前一定要对所有的风道做全面检查，不能有任何杂物遗留；②最好以托盘形式装载；③货高不得超过限制红线，如将货物堆码得特别高、特别紧，货物之间无间隙甚至货物挤占了装载高度标线上的空间以及货物与箱门之间的空间，结果造成货物将通风管和通风口堵住，导致冷气不能在箱内有效流通，直接影响冷冻或冷藏货物的冷冻或冷藏质量；④货物之间要留有通风间隙，运输水果时温度误差应小于 0.5℃；⑤由于果实呼吸，箱内必须通风换气，也就是将通风口打开；⑥应避免不同果品的混杂运输，特别是一些对乙烯敏感的水果，如香蕉、萼梨、猕猴桃等不应同产生乙烯量大的果品一起运输；⑦运输果蔬菜时，必须经过预冷后再装箱。

另外，开着箱门装货的时候，一定要切断机组的电源，使机组停止工作。如果开箱装货时制冷机工作，蒸发盘管会严重结霜，严重影响机组的工作条件和效率，使货物温度无法保证，甚至引发机组故障，危及货物安全。因机组工作时开门装货导致机组故障的事例不少，需要特别注意。装完货物应立即供电让机组按设定的温度和其他条件工作起来，以利于货物快速降温。

为了适应集装箱运输，在包装箱设计上也应配套。冷藏集装箱是下部出风，上部回风，这种送风方式要求包装必须将集装箱的地面占满，否则就会导致冷风短路，造成集装箱门端的温度偏高。如果包装箱开孔位置和设计不合理，就会导致集装箱内的产品成为一体，换热方式只能靠缓慢的传导方式进行。因此，与冷藏集装箱配套的包装箱的开孔应该是上下开孔，孔孔相对。对货物包装的要求，起码要有足购的强度确保货物不受重压、不变形和利于空气流通。

7. 冷藏集装箱内温度的均一性

有实验结果指出，采用 20 英尺冷藏集装箱，制冷装置为 CARRIER 冷机，装载苹果 20t，环境温度 40℃，设定温度 2.5℃，箱内温度由高至低的分布状况为：门端上部 > 门端 > 冷机端上部 > 冷机端中部 > 冷机端低部。最高点温度达 6.0～6.5℃。由此可见，码垛和包装等不适宜时，箱内的温度差也会很大。

苹果的适宜装载密度 350kg/m³，20 英尺冷藏集装箱净容积 26m³，可装苹果 9 100kg。如果装载量大，包装开孔不合理，会导致箱内气流循环严重受阻。

8. 与集装箱运输相关的简称和代号

与集装箱运输相关的主要简称和代号如下。

（1）标准箱（TEU）。为了便于统计和计算，国际上以 20ft 集装箱作为计算单位（TEU），称为标准箱。

（2）整箱货（FCL）。发货人负责装箱、记数、积载并加铅封的货运。

（3）拼箱货（LCL）。整箱货的相对用语。装不满一整箱的小票货物。

（4）码头堆场（CY）。指装箱港的集装箱堆场。

（5）集装箱货运站（CFS）。指起运地或集装箱港的集装箱货运站。

（6）国际海运集装箱运价的三种主要形式。①均一费率（FAK）：是指对所有货物均收取统一运价；②包箱费率（CBR）：是指按不同的商品和不同的箱型，规定了不同的包干费；③运量折口费率（TVC）：是根据托运货物数量给予托运人一定的费率折口，即托运货物量越大，支付的运费率就越低。

第三部分

主要水果贮运保鲜
实用操作技术

第五章　仁果类水果保鲜实用操作技术

一、苹果储藏保鲜实用操作技术

苹果属温带水果，主要在我国北方栽培，南方也有一定的栽培。我国分为四大优势产区：西北黄土高原苹果产区、渤海湾苹果产区、黄河故道苹果产区和西南高地苹果产区。西北黄土高原苹果产区、渤海湾苹果产区属于我国苹果生产的适宜区，主栽品种为红富士，约占苹果总产量的70%，乔纳金、嘎拉、新红星、小国光也有一定的栽培面积。2013年，全国内地种植面积约223.1万 hm^2，产量约3 849.1万 t。

（一）储藏特性

苹果属于仁果类呼吸跃变型水果，晚熟品种在生产中储藏量大，储藏时间也长。但品种间耐贮性差异较大。

1. 成熟期和成熟度

晚熟品种比中熟品种耐贮，早熟品种一般不作储藏；拟长期储藏的苹果应在八九成成熟度采收，此时果实种子已变褐色，风味品质基本形成。

2. 品种及其耐藏性

红富士、秦冠、小国光等晚熟品种在储藏过程中硬度降低和品质劣变比较缓慢，而且抗病性强，适合长期储藏；元帅系、乔纳金、北斗等中晚熟品种在储藏过程中易后熟发绵，要求储藏条件比较严格，一般作为中短期储藏，但采用气调储藏可使储藏期大大延长。早熟品种一般只进行周转储藏。

3. 贮运期不同品种易出现的问题

金冠（黄元帅）苹果储藏过程中果皮易失水皱缩，储藏病害相对较多，应注意储藏环境相对湿度的保持和温度的控制；红富士苹果储藏过程中易遭受高 CO_2 伤害，采用气调储藏或塑料薄膜小包装简易气调储藏时要谨防 CO_2 伤害，一般应将储藏环境中 CO_2 浓度控制在 2% 以下。寒富苹果是东光与富士杂交选育出的抗旱优良苹果品种，对环境中的 CO_2 更敏感，如果在储藏中采用塑料袋包装，应避免扎口。

4. 储藏病害及其防控

苹果储藏过程中最主要的病原性病害是由青霉菌和绿霉菌引起的青霉病和绿霉病，轮纹病也是储藏期间较常见的病害。

良好的果园管理、精细采收与运输、精细分级与处理、减免机械伤、入库前储藏场所消毒、控制适宜的储藏温度等，是防控病原性病害的最重要综合措施。储藏期生理病害主要是低氧和高二氧化碳伤害以及储藏后期发生的虎皮病和果肉褐变。

（二）可参照储藏条件

果实温度（品温）：$-1 \sim 0℃$；

环境相对湿度：90% ~95%；

气体成分：红富士苹果：O_2 3% ~5%，CO_2 1% ~2%；

元帅系苹果：O_2 2% ~4%，CO_2 3% ~5%；

金冠苹果：O_2 2% ~3%，CO_2 6% ~7%。

（三）储藏场所和方式选择

苹果品种较多，贮运特性不同。因此，苹果储藏场所和方式可根据贮户情况灵活选择。

简易储藏场所。在自然冷源比较充沛的西北、东北等地区，对富士、秦冠、小国光等晚熟耐藏品种，可因地制宜、科学使用简易储藏场所，如土窑洞、通风储藏库、山洞等，尽可能利用好自然冷源。

机械冷库。机械冷库加简易气调储藏即塑料袋包装或塑料大帐冷藏，是我国目前苹果储藏中应用最普遍的一种方式，且有良好的储藏效果和较长的储藏期。

气调库。气调储藏对苹果有极好的效果，所以为了获得良好的保鲜效果和较长的储藏期，在条件许可的前提下，应尽量采用气调储藏。根据试验也可采用适宜面积的硅窗袋储藏。富士等对二氧化碳敏感的品种，气调储藏时要防止高二氧化碳伤害。

（四）小微型冷库温度、湿度的调控

1. 温度设定和融霜操作

农户或专业合作组织的小型或微型冷库一般采用氟利昂制冷机组，温度的设置是通过温控仪人工设置。以 $-50/100℃$ "小精灵"温控仪操作为例，通常设置储藏温度为 $-1 \sim 0℃$，应设置 $-1℃$，幅差值 $1℃$，设备即在 $-1 \sim 0℃$ 区间运行。温控仪上具有融霜时间设置功能，一般融霜时间设置 $25 \sim 30min$，融霜间隔的设置原则是：苹果入库初期间隔短（$10 \sim 20h$ 融霜 1 次），温度稳定后间隔时间加长（几天至十几天），冬季制冷机运行少时融霜间隔会更长。准确的融霜间隔必须根据人为观察蒸发器的结霜情况而定，当蒸发器上有白色霜层但是没有明显阻挡出风时即应除霜。所以，应根据储藏阶段及时调整融霜时间，方可达到及时融霜、又不出现无霜或少霜频繁加热导致库温波动的效果。

2. 湿度保障措施

冷库内相对湿度低于 75% 时，可以通过地面洒水或加湿器加湿的方式提高湿度，但是地面不能因洒水出现"明水"聚积。除气调库储藏外，储藏苹果一般都采用薄膜袋包装或薄膜覆盖包装，所以产品相对湿度的保证主要靠冷库设计时适当增加制冷系统的蒸发面积、控制好果实预冷终点温度、库温恒定和塑料薄膜袋包装等方式来解决。管理良好的情况下，薄膜袋包装内的湿度达到90%～95%比较容易。

（五）苹果储藏简明工艺流程

不同储藏简明工艺流程：

1. 冷库储藏简明工艺流程

冷库及包装物清洁、消毒→冷库提前降温→85%成熟时精细采收→果实分级并严格挑除病虫机械伤果实→装入包装箱内垫衬的塑料袋内→快速预冷→1－MCP处理→扎口或折口封箱→合理堆码或上架→控制适宜温度（品温应控制在－1～0℃）→适时通风排除库内乙烯→适时出库销售（冷库储藏的红富士苹果推荐储藏期为7个月左右）。

2. 简易储藏场所储藏简明工艺流程

入库时再打开土窑洞封闭的窑门（入贮时温度最好在8℃以下，最高不应超过12℃）→烟雾剂或液体消毒剂消毒→采收8.5成的成熟果实→果实分级并严格挑除病虫机械伤果实→装塑料保鲜袋装周转箱或筐装→合理堆码或上架→科学通风引进自然冷源→尽力维持最长－1～0℃的时间→适时通风排除场所内乙烯→适时出库销售（简易储藏场所储藏的红富士苹果储藏期一般为4～5个月）。

工艺流程注释：

1. 冷库及包装物清洁、消毒

常用的消毒杀菌方式有：①果蔬库房消毒烟雾剂进行熏蒸；

②4%的漂白粉溶液进行喷洒消毒或用0.5% ~0.7%的过氧乙酸溶液进行喷洒消毒；③臭氧发生器消毒，一般每100m³配置5g/h产量的臭氧发生器，库内臭氧浓度达10μl/L左右。

2. 冷库提前降温

果实入库前2天开启制冷机，将库温降至 -2℃。

3. 85%成熟时采收

拟长期储藏的苹果应在充分成熟前采收，可通过果实硬度、生长天数和可溶性固形物含量等多个指标综合判定适宜采收期。由于品种不同，上述指标也不同。只能给出笼统的定性85%成熟度，此时果实种子基本变褐，果实内淀粉基本消失，但是具有良好的硬度。

4. 装入包装箱内垫衬的塑料袋内

冷库储藏时，红富士苹果宜用微孔袋扎口或地膜在箱内垫衬折口，防止二氧化碳伤害。元帅系苹果、乔纳金苹果、金冠苹果、嘎拉苹果，可用苹果专用硅窗保鲜袋扎口储藏，但是装量需要试验，以满足袋内氧不低于3%，二氧化碳不超过5%为宜。简易储藏场所储藏时，红富士苹果用微孔袋折口储藏，防止二氧化碳伤害。元帅系苹果、乔纳金苹果、金冠苹果、嘎拉苹果可用苹果专用透湿调气保鲜袋。一般每袋装量在5 ~7.5kg。

5. 1 - MCP 处理

近几年，1 - MCP 处理苹果在冷库储藏苹果时得到了较广泛的应用，突出的效果是：可延缓果实硬度降低，保持果实底色，降低内源乙烯的释放量，抑制储藏期间和货架期间果实虎皮病的发生。

采用1 - MCP 处理苹果，一定要准确的把握使用浓度、处理温度和时间，首次使用时一定要做试验，或请专业人员指导。注意事项：①在果实呼吸跃变出现前采收并尽早使用；②参考使用剂量为 0.5 ~ 1μl/L；③参考处理温度和时间为：处理后的苹果在 0℃下密封 24h 或 20℃下密封 12h。

6. 合理堆码或上架

塑料周转箱热量交换好，码垛密度可适当大些；纸箱包装时，箱上必须设计通气孔，垛间和箱间留有通道和间隙，并考虑纸箱的承重，防止下层箱内果实被压伤或踏踩。如果是具有货架的冷库，果箱可直接放在货架上。

7. 科学通风引进自然冷源

科学通风引进自然冷源是对简易储藏场所而言的。从入库到场所内的温度降至 0℃为降温阶段，要不断地利用外界低温，并相应地降低场所内土层温度，主要是夜间打开窖门和通气孔，白天外界温度低于窖内温度时也可通风；从窖温降至 0℃到翌年春天窖温回升为蓄冷阶段，外界温度不低于 -5℃时，可开启窖门和通气孔，将外界冷量引入蓄积在窖内土层中，低于 -5℃时关闭窖门和通气孔，保温防冻，通风管理科学，低温土层蓄冷就多；春天外界温度回升使窖温回升阶段是保冷阶段，应严格关闭窖门和通气孔，尽量减少人员进出，维持窖内已经降低的温度，可做到"冬冷春用"；待全部果品出库后，要清扫窖洞并进行消毒处理，用砖或土坯将窖门封严，堵塞通气孔，以备下次再用。

8. 适时通风排除库内乙烯

苹果储藏期间，自身会释放出大量乙烯，乙烯是一种促进成熟衰老的激素，会加速苹果果实的衰老，也会诱发和加重果实虎皮病的发生。因此，要适时通风排除和减低库内乙烯。

9. 适时出库销售

冷库储藏的红富士苹果推荐储藏期为 7 个月左右，一般在翌年 5 月份前后出库；简易储藏场所储藏的红富士苹果推荐储藏期为 5 个月以内，一般在翌年 3 月份前后出库。

二、梨储藏保鲜实用操作技术

梨属温带水果，在我国栽培分布范围广，除海南岛外，我国其余各省均有栽培。梨果储藏的主要区域—北方产区（包括江苏、安徽在内），产量约占全国产量的80%。其中河北是我国第一梨生产大省，占全国梨总产量的25%以上。

2013年，我国内地梨种植面积约108.9万 hm^2，产量1 707.3万 t。

（一）储藏特性

梨属于仁果类呼吸跃变型水果，雪花梨、鸭梨、酥梨、黄冠梨、香梨等中晚熟品种较耐储藏，生产中储藏量大，储藏时间也长。

1. 成熟期和成熟度

一般而言，晚熟品种比中熟品种耐贮，早熟品种一般不作储藏；拟长期储藏的梨采收成熟度的确定非常重要，多数品种应在八九成熟时采收。80%的果实达到种子变褐，果皮黄中带绿时即是八九成熟。梨采收时梨果实的可溶性固形物参考含量为：早熟品种≥9%；中熟品种≥11%；晚熟品种12%，不同产地和管理水平会有一定差异。

鸭梨应适当早采，可减少储藏后期果肉和果心褐变，北京地区一般都在正常成熟期提前10天采收。西洋梨系统的梨采收期可采用梨果肉淀粉染色法确定，方法是：在果实横切面涂上碘 - 碘化钾溶液，有60%左右的果面被染成蓝色时，为果实的适宜采收期。

2. 品种及其耐藏性

梨是较耐储藏的水果。栽培上以白梨系统和砂梨系统的梨品种最多，品质最优，较耐储藏。据资料报道，我国主栽梨品种的产量比重约为：酥梨 20.4%，雪花梨 17.5%，鸭梨 16.6%，黄冠梨 12.5%，翠冠梨 7.8%，香梨 5%，黄花梨 3.8%，其他品种的梨合计 9.8%。香梨、黄冠梨、鸭梨、新高梨、雪花梨和酥梨，是储藏后翌年超市出现率前 6 位的品种，储藏期可达 5～7 个月，其他中晚熟品种的储藏期一般在 4～6 个月。

在常温下，就新世纪、绿宝石、黄冠、圆黄、丰水和黄金 6 个梨品种比较，黄冠耐藏性最好，圆黄和黄金较好，新世纪和丰水次之，绿宝石较差。新世纪属于风味淡且偏酸的品种，不易保持良好的果柄；圆黄常温储藏中品质和储藏性良好，具有特有的醇香味，但一黑心；丰水储藏中品质下降快；绿宝石果实大，风味淡，易衰老；黄冠和黄金属于砂梨系统中品质和耐藏性都好的品种。

3. 贮运期不同品种易出现的问题

①大部分品种的梨在贮运过程中易发生果皮、果心及果肉褐变。引起梨褐变主要有 3 种因素：一是冷害，二是低氧、高二氧化碳伤害，三是衰老引起的褐变；②梨与苹果相比，容易失水，保持较高相对湿度对梨果保持新鲜饱满非常重要；③西洋梨系统和秋子梨系统的品种，如巴梨、京白梨、南果梨等，采后在较高的温度下极易后熟软化，果肉变褐；④某些品种如鸭梨对低温敏感，采后急速降温常引起"黑心病"。

由于白梨系统的多数品种对二氧化碳敏感，为避免储藏期间的二氧化碳伤害，不能采用普通塑料薄膜袋包装储藏，也较少使用气调库储藏。

黄冠梨、酥梨、丰水梨、鸭梨等品种，采用梨专用微孔保鲜袋储藏后，能明显降低果梗的干枯程度，增加新鲜饱满程度。生产中也常用拷贝纸（也叫雪梨纸）单果包装，可起到降低水分蒸发、延缓梨果皮褐变的作用。此外，应注意储藏库的通风换气。前期和后期每天通风换气 $1 \sim 2$ 次，中期 $2 \sim 3$ 天换气一次。库尔勒香梨采用标准气调储藏时，二氧化碳浓度要控制在 1% 以内。

大多数梨品种，采后可以尽快进入冷库预冷并在 0℃ 下储藏。但是鸭梨采后不能直接进入 0℃ 冷库，否则，易产生"黑心病"，黄冠梨进入冷库降温太快，果面褐斑有加重的趋势。防止鸭梨"黑心病"的简易有效方法是采用梯降温度。一般控制入库温度在 10℃ 以上，起初每 7 天降温 1℃，降至 7℃ 后，再每 3 天降低 1℃，直至降到 0℃ 左右。这段时间需要近 40 天。生产中总结摸索的黄冠梨的降温工艺为 $6 \sim 8$℃ 入库，平均每天降 1℃，一周内品温降至 0℃。

4. 储藏病害及其防控

梨储藏过程中最主要的病原性病害是青绿霉病、褐腐病和轮纹病等。通过对库尔勒香梨主要产区的冷库群调查，香梨储藏期发病主要有梨果柄基腐烂病、香梨萼端腐烂病（俗称黑头病）和香梨褐斑病（链格孢引起）。

良好的果园管理、精细采收与运输、精细分级和处理、减免机械伤、入库前储藏场所消毒、控制适宜的储藏温度和相对湿度，是防控梨病原性病害最主要的措施。避免碰撞果柄防止内伤，保持较高相对湿度延缓果柄干枯，对降低梨果柄基腐烂病有较好作用。梨生理病害主要是：低温、高二氧化碳和衰老引起的果心或果皮褐变。采收期的早晚与果肉果心及果皮褐变直接相关，晚采成熟度高的梨容易发生由二氧化碳和衰老引起的果肉和果心褐变，而早采即成熟度低的梨容易发生果皮变色。所以，拟长期储藏的"硬肉型"梨可在八九成熟时采收，而"软肉梨"应在八成熟时采收。

（二） 可参照储藏条件

果实温度（品温）：西洋梨、库尔勒香梨 $-1 \sim 0℃$；鸭梨和黄冠梨应用不同等级的缓慢降工艺；

环境相对湿度：$90\% \sim 95\%$；

参考气体成分：巴梨（成熟度低）O_2 2%，CO_2 $3\% \sim 5\%$；

库尔勒香梨 O_2 $4\% \sim 5\%$，CO_2 $1\% \sim 2\%$；

黄金梨、园黄梨、丰水梨 O_2 $3\% \sim 5\%$，$CO_2 < 1\%$；

南果梨、京白梨 O_2 $5\% \sim 8\%$，CO_2 $3\% \sim 5\%$。

（三） 储藏场所和方式选择

由于梨品种较多，耐藏性有较大差异，因此储藏场所和方式应灵活选择。

简易储藏场所储藏。在自然冷源比较充沛的北方地区，对酥梨、秋白梨、苹果梨、锦丰梨等晚熟品种，仍可因地制宜，科学利用通风库、土窑洞和山洞等简易储藏场所储藏。到翌年3月份气温明显回升前，应及时销售完毕，避免"烂窖"发生。

机械冷库。目前，我国采用机械冷库储藏的梨约占梨总产量的20%以上。拷贝纸单果包装（有的品种还外套泡沫网套）、纸板隔层或分格、纸箱外包装，是目前机械冷库储藏梨的常用包装方式。多数品种控制的储藏品温为 $-1 \sim 0℃$。

气调库储藏。我国梨果气调冷藏主要用于库尔勒香梨、西洋梨和一些砂梨系统的品种上。香梨采用气调储藏，主要是为满足市场对储藏后果面仍保持绿色的要求。西洋梨系统的梨（如巴梨、安久梨、阿巴特等）、秋子梨系统的梨（如南果梨、京白梨）、砂梨系统的梨（如黄金梨、圆黄梨、丰水梨等）和白梨系统的库尔勒香梨，采用气调储藏可显著延长储藏期，保持果实表皮的绿色和硬度。但是采用气调储藏时，要特别注意二氧化碳伤害的发生，采收晚时尤其要注意。

（四）小微型冷库温度、湿度的调控

1. 温度设定和融霜操作

农户或专业合作组织建造的小型或微型冷库，一般采用氟利昂制冷机组，温度的设置是通过温控仪人工设置。以 $-50/100℃$ "小精灵"温控仪操作为例，设置储藏温度为 $-1\sim0℃$，应设置 $-1℃$，幅差值 $1℃$，设备即在 $-1\sim0℃$ 区间运行。温控仪上具有融霜时间设置功能，一般融霜时间设置 $25\sim30min$，融霜间隔的设置原则是：梨入库初期间隔短（$10\sim20h$ 融霜 1 次），温度稳定后间隔时间加长（几天至十几天），冬季制冷机运行少时融霜间隔会更长。准确的融霜间隔必须根据人为观察蒸发器的结霜情况而定，当蒸发器上有白色霜层但是没有明显阻挡出风时即应除霜。所以，应根据使用阶段及时调整融霜时间，方可达到及时融霜，又不出现无霜或少霜频繁加热导致库温波动。

2. 湿度保障措施

冷库内相对湿度低于 75% 时，可以通过地面洒水或加湿器加湿的方式提高湿度，但是地面不能因洒水出现"明水"聚积。产品相对湿度的保证主要靠冷库设计时适当增加制冷系统的蒸发面积、库温恒定、微孔袋包装来解决。为减少库内较高风速引起的干耗，近年来新疆等地的一些梨库设计使用了带积水盘的铝排管，效果良好。

（五）梨储藏简明工艺流程

不同储藏简明工艺流程：

1. 冷库储藏简明工艺流程

（1）雪花梨、酥梨、莱阳梨、长把梨微孔膜包装冷藏。冷库及包装物清洁、消毒→冷库提前降温→适时采收（八九成熟精细采收）→严格挑选→绵软纸单果包装或单果套泡沫网套，或包装箱内衬微孔袋折口→装箱降温→封箱→合理堆码和上架→控制适宜温度和相对湿度→注意通风排除库内乙烯→适时出库销售。

（2）鸭梨梯度降温冷藏。冷库及包装物清洁、消毒→冷库提前降温→适时采收（80%成熟采收）→严格挑选→绵软纸单果包装或单果套泡沫网套，或包装箱内衬微孔袋折口→装箱降温至10℃→封箱→合理堆码和上架→梯降温度→注意通风排除库内乙烯→适时出库销售。

（3）黄冠梨冷藏。冷库及包装物清洁、消毒→冷库提前降温→适时采收（八成熟采收）→严格挑选→绵软纸单果包装或单果套泡沫网套，或包装箱内衬微孔袋折口→尽快入库（库温6~8℃，一周内降至0℃）→合理堆码和上架→控制适宜温度和湿度（果实温度应控制在-0.5~0℃，相对湿度为90%）→注意通风排除库内乙烯→适时出库销售。

（4）库尔勒香梨。冷库及包装物清洁、消毒→冷库提前降温→适时采收（八成熟采收）→严格挑选→拷贝纸单果包装或套泡沫网套，装塑料周转箱、纸箱或木箱包装→尽快入冷库→合理堆码和上架→控制适宜温度和湿度（果实温度应控制在-1~0℃，相对湿度为90%）→注意通风排除库内乙烯→适时出库销售。

（5）丰水、园黄和黄金梨。冷库及包装物清洁、消毒→提前降温→适时采收（八成熟采收）→严格挑选→1-MCP处理（0.5μl/L 1-MCP，20℃下密封处理12h）→绵软纸单果包装装箱或包装箱内衬微孔袋免口（一般在10~15kg）→尽快入冷库（入库温度-1~0℃）→合理堆码和上架→控制适宜温度和湿度（品温应控制在-1~0℃，相对湿度为90%）→注意通风排除库

100

内乙烯→适时出库销售。

（6）西洋梨、南果和京白梨。冷库及包装物清洁、消毒→冷库提前降温→适时采收（八成熟采收）→严格挑选→尽快预冷进行气调库储藏或简易气调储藏（0.015mm 聚乙烯微孔袋装袋入箱，袋内放置乙烯吸收剂）→合理堆码和上架→控制适宜温度和湿度（果实品温应控制在 $-1 \sim 0℃$，相对湿度为 90%）→注意通风排除库内乙烯→适时出库销售。

2. 简易储藏场所储藏简明工艺流程

梨果入贮时再打开封闭的窖门（入储藏时温度最好在 8℃ 以下，最高不应超过 10℃）→烟雾剂或液体消毒剂消毒→采收八成熟的果实→果实分级并严格挑除病虫机械伤果实→绵软纸单果包装→周转箱或纸箱装→合理堆码→科学通风引进自然冷源→尽力维持最长 $-1 \sim 0℃$ 的果温→注意通风排除场所内乙烯→适时出库销售。

工艺流程注释：

1. 冷库及包装物清洁、消毒

常用的消毒杀菌方式有：①果蔬库房消毒烟雾剂进行熏蒸，参见具体使用说明；②4% 的漂白粉溶液进行喷洒消毒或用 0.5% ~ 0.7% 的过氧乙酸溶液进行喷洒消毒；③臭氧发生器消毒，一般每 100m³ 配置 5g/h 产量的臭氧发生器，库内臭氧浓度达 10μl/L 左右，维持 4h 以上。

2. 冷库提前降温

果实入库前 2 天开启制冷机，将库温降至 $-2℃$。

3. 适时采收

种子变褐，果皮黄中带绿时即是八九成熟。鸭梨、库尔勒香梨、黄冠梨、丰水梨、园黄梨、黄金梨和西洋梨，可掌握在八成熟采收。

4. 绵软纸单果包装、单果套泡沫网套或包装箱内衬微孔袋折口包装

梨对二氧化碳敏感，除了入气调库进行气调储藏外，冷藏或简易储藏场所储藏，一般只进行绵软纸单果包装或单果套泡沫网套，也可在预冷结束后采用微孔袋折口（挽口）包装，然后装箱，切不可以随意装入普通塑料袋储藏。

5. 装箱

梨多数采用纸箱包装储藏，储藏量大的冷库也有采用大木箱包装的。纸箱装量一般在每箱 10 ~ 15kg，大木箱每箱在 300 ~ 350kg。

6. 合理堆码或上架

纸箱包装时，箱上必须设计足够的通气孔，垛间和箱间留有通道和间隙，并考虑纸箱的承重，防止下层箱内果实被压伤或塌垛。如果是具有货架的冷库，果箱可直接放在货架上。采用大木箱存放时，货堆高度一般较高在6m以上，必须用叉车码放。

7. 控制适宜温度和湿度

雪花梨、酥梨、莱阳梨、长把梨、鸭梨、黄冠梨、丰水、园黄和黄金梨，可通过调节库温保持果温在 $-1 \sim 0$℃；库尔勒香梨、西洋梨、南果梨、京白梨等可通过调节库温保持果温不低于 -1.2℃，相对湿度保持在 90%。

采用 0.015mm 厚 CO_2 高渗膜包装梨，既可保持袋内较高的相对湿度，又可控制 CO_2 累积造成伤害，是近年来梨储藏上的一项新技术。

鸭梨应采用梯度降温冷藏，一般控制入库温度在 10℃以上，起初每 7 天降温 1℃，降至 7℃后，再每 3 天降低 1℃，直至降到 0℃左右；黄冠梨入库库温 6 ~ 8℃，1 周内降至 0℃。

8. 简易气调包装（MAP）结合 1 – MCP 处理

1 – MCP 处理后，可能会增加梨对二氧化碳的敏感性，所以，有试验指出，采用 MAP 包装储藏黄金梨，宜采用 0.5μl/L 的较低 1 – MCP 浓度，薄膜袋免口，1μl/L 的 1 – MCP 浓度处理，果实会发生不同程度的二氧化碳伤害。即黄金梨对 1 – MCP 可能敏感性更高。

9. 科学通风引进自然冷源

科学通风引进自然冷源是对简易储藏场所而言的。从入库到场所内的温度降至 0℃ 为降温阶段，要不断地利用外界低温，并相应地降低场所内土层温度，主要是夜间打开窑门和通气孔，白天外界温度低于窑内温度时也可通风；从窑温降至 0℃ 到翌年春天窑温回升为蓄冷阶段，外界温度不低于 – 4℃ 时，可开启窑门和通气孔，将外界冷量引入蓄积在窑内土层中，低于 – 4℃ 时关闭窑门和通气孔，保温防冻，贮期通风管理的好，低温土层蓄冷就多；春天外界温度回升使窑温回升阶段是保冷阶段，应严格关闭窑门和通气孔，尽量减少人员进出，维持窑内已经降低的温度，可做到"冬冷春用"；待全部果品出库后，要清扫窑洞并进行消毒处理，用砖或土坯将窑门封严，堵塞通气孔，以备下次再用。

10. 适时通风排除库内乙烯

梨储藏期间，自身会释放出大量乙烯，乙烯是一种促进成熟衰老的激素，会加速果实的衰老，也会诱发和加重虎皮病的发生。因此，要经常通风排除库内乙烯和其他挥发性气体，也可使用乙烯吸收剂或乙烯竞争性抑制剂 1 – MCP。

11. 适时出库销售

冷库储藏的梨根据品种不同，储藏期大致在 3 ~ 7 个月，简易储藏场所储藏的梨一般应在春节前后及时销售。

三、山楂储藏保鲜实用操作技术

山楂，又名红果，属温带仁果类水果，主要在我国北方栽培。辽宁辽阳、海城、开原；山东青州、平邑、临朐、沂水、泰安；陕西黄龙；河北省兴隆、清河、承德；山西绛县；河南林县、辉县；广西壮族自治区靖西为红果的主要产区。主栽品种豫北红、歪把红、秋金星、敞口、燕瓢红、红瓢绵、软籽、大金星、小金星等。

我国辽宁、河北、山东、陕西、河南、山西等省山楂种植面积和产量均较高。

（一）储藏特性

山楂属于仁果类呼吸跃变型水果，生产中有一定储藏量，用于延长加工期和供应鲜食需求。

1. 成熟期和成熟度

早熟和中熟品种通常在 8 月上旬至 9 月下旬成熟，晚熟品种通常在 10 月上旬成熟，如储藏山东临朐的歪把红应在 10 月初采收。鲜贮的山楂在 85% 成熟度采收，此时，果实果点明显，果面出现果粉和蜡质，果柄出现离层易于采收。

2. 品种及其耐藏性

山楂在我国分布很广，地方品种很多，一般紫肉、晚熟、果皮较厚、蜡质较多、肉质致密、果实硬、多酸少甜、涩味较重、鲜食口感差的品种耐储藏，种植在山地的同一品种储藏性好于平川。耐藏品种有辽红、西丰红、甜水、豫北红、泽州红、滦红、燕北红、秋金星、磨盘、朱砂红、粉口等。而肉质稍绵或粉肉、多甜少酸的品种耐藏性较差，如敞口、大金星等。南方地区产的

104

山楂通常比北方地区山楂耐贮性差。

3. 贮运期不同品种易出现的问题

山楂表皮蜡质层薄、皮孔多，蒸腾旺盛，储藏过程中的主要问题是果肉变绵、腐烂与失水萎蔫。储藏前期比较耐低氧和较高二氧化碳，后期既不耐低氧，也不耐高二氧化碳。因此，山楂储藏主要是防失水皱缩、防衰老变绵和后期裂果、防腐烂变质。

4. 储藏中病害及其防控

山楂储藏过程中最主要的病原性病害是青霉病、软腐病和炭疽病。良好的果园管理、精细采收分级和处理减免机械伤、入库前储藏场所消毒、控制适宜的储藏温度、控制乙烯的生成和作用，是防控病原性病害的最主要的措施。

生理病害主要是储藏后期的高二氧化碳伤害和裂果。减低生理病害的方法是：①适当缩短储藏时间；②单个包装内储藏容量不要太大；③气调储藏或简易气调储藏后期，二氧化碳应适当降低，氧浓度应提高。

（二）可参照储藏条件

果实温度（品温）：$-1 \sim 0℃$；

环境相对湿度：90%～95%；

气体成分：O_2 2%～4%，CO_2 3%～5%。

（三）储藏场所和方式选择

山楂为较耐储藏的果品，有条件的情况下，最好采用冷藏或气调储藏，也可充分利用自然冷源，进行简易储藏。

简易储藏场所。在东北、西北、华北等自然冷源充沛的地区，可建设棚窖、土窑洞、通风库等简易储藏场所，选择晚熟耐藏品种进行储藏。码垛时垛底和层间均有衬垫物，并注意留有一定的孔隙，以利通风。白天封闭窖口，夜晚打开。尽量创造一个达到或接近 0℃ 的储藏环境，但是不要低于 -1℃。如储藏环境内相对湿度低于 85%，应在地面结合消毒，喷洒 4% 的漂白粉水溶液加湿。

如果简易储藏场所初期的温度在 8℃ 以下，包装方式可以用薄膜小袋包装法，为了安全起见，可采用塑料薄膜袋上打孔的方法储藏：即选用 0.04mm 厚的聚乙烯薄膜袋，每袋装 10～12.5kg 打孔扎口，或用硅窗气调保鲜袋，每袋 12～15kg，免口，防止袋内二氧化碳积累过高造成伤害。

上述简易场所储藏时间长短的决定因素：品种的耐藏性、地域自然冷源的充沛程度和储藏场所温度的科学管理。

机械冷库储藏。机械冷库加简易气调储藏结合脱乙烯剂的应用，是我国目前储藏山楂应用最普遍的一种方式。机械冷库提供了适宜的储藏温度，塑料袋或硅窗袋既有气体调节作用，也有良好的保湿作用。

气调库储藏。研究表明，气调储藏可以明显延长储藏期。一般认为山楂储藏前期可以忍受较高浓度的二氧化碳，结合较高浓度的氧，可将氧控制在 5%～10%，二氧化碳 7%～10%（即 10—11 月采用双高指标）；而在后期则需较高浓度的氧和较低浓度的二氧化碳（翌年 2—3 月，氧 10%～15%，二氧化碳为 1%～3%），否则会造成果肉褐变、变质和果实腐烂。目前山楂的储藏总量较少，鲜食也较少，考虑成本等因素，采用气调储藏的很少。

（四）小微型冷库温度、湿度的调控

1. 温度设定和融霜操作

小型或微型冷库一般采用氟利昂制冷机组，温度的设置是通过温控仪人工设置。以 -50/100℃ "小精灵" 温控仪操作为例，设置山楂储藏温度为 $-1 \sim 0℃$，应设置 $-1℃$，幅差值 $1℃$，设备即在 $-1 \sim 0℃$ 区间运行。温控仪上具有融霜时间设置功能，一般融霜时间设置 30min，融霜间隔的设置原则是：山楂入库初期间隔短（$10 \sim 20h$），温度稳定后间隔时间长（几天至十几天），冬季制冷机运行少时融霜间隔会更长。准确的融霜间隔必须根据人为观察蒸发器的结霜情况而定，当蒸发器上有白色霜层但是没有明显阻挡出风时即应除霜。所以，应根据使用阶段及时调整融霜时间，方可达到既保证融霜及时，又不出现无霜频繁加热导致库温波动的目的。

2. 湿度保障措施

冷库内湿度低于 75% 时，可以通过地面洒水的方式提高湿度，但是地面不能泼水出现"明水"聚积。产品湿度的保证主要靠冷库设计时适当增加制冷系统的蒸发面积、控制好果实预冷终点温度、库温恒定和塑料薄膜袋包装来解决。

（五）山楂储藏简明工艺流程

不同储藏简明工艺流程：

1. 冷库储藏简明工艺流程

冷库及包装物清洁、消毒→冷库提前降温→85% 成熟时精细采收→果实分级并严格挑除病虫机械伤果实→装入包装箱内垫衬的塑料袋内→放入乙烯吸收剂快速预冷→扎口封箱→合理堆码或上架→控制适宜温度和湿度→适时通风排除库内乙烯→后期加大通气量→适时出库销售。

2. 简易储藏场所储藏简明工艺流程

土窑洞入库时再打开封闭的窑门→库房清洁消毒→采收85% 成熟的果实→果实分级并严格挑除病虫机械伤果实→装塑料保鲜袋装周转箱或筐装→合理堆码或上架→科学通风引进自然冷

源→尽力维持最长 –1 ~ 0℃的时间→适时通风排除库内乙烯→适时出库销售。

工艺流程注释：

1. 冷库及包装物清洁、消毒

常用的消毒杀菌方式有：①果蔬库房消毒烟雾剂进行熏蒸；②4%的漂白粉溶液进行喷洒消毒或用0.5% ~ 0.7%的过氧乙酸溶液进行喷洒消毒；③臭氧发生器消毒，一般每100m³配置5g/h产量的臭氧发生器，库内臭氧浓度达10 μl/L左右。

2. 冷库提前降温

果实入库前2天开启制冷机，将库温降至 –2℃。

3. 85% 成熟时采收

拟长期储藏的山楂应在85%成熟时采收，可通过果实硬度、生长天数和可溶性固形物含量等多个指标综合判定采收期。由于品种不同，上述指标也不同。只能给出笼统的定性85%成熟，此时果实种子基本变褐，果实果点明显，果面出现果粉和蜡质，果柄出现离层易于采收。

4. 果实分级并严格挑除病虫机械伤果实

果实分级对储藏和销售都是必需的环节，严格挑选对减少果实间传染腐烂和减免伤乙烯的影响有重要作用。

5. 装入包装箱内垫衬的塑料袋内

如果简易储藏场所，入贮期环境温度宜在8℃以下，包装方式可以用薄膜小袋包装法。即选用0.04mm厚的聚乙烯薄膜袋，每袋装10 ~ 12.5kg，可采用塑料薄膜袋上打孔的方法。或用硅窗气调保鲜袋免口方式，每袋12 ~ 15kg，箱装。

6. 放入乙烯吸收剂

乙烯吸收剂可以自制，也有成品可购买。主要成分是吸收饱和高锰酸钾的多孔性载体。如采用膨胀珍珠岩吸收饱和高锰酸钾制作，5～7kg 包装放置乙烯吸收剂 30g 左右，将保鲜剂封闭在透气的无纺布小袋内。

7. 快速预冷，扎口或免口封箱

应快速降温，使果实温度达到 0℃。采用打孔塑料袋时，可扎口；采用硅窗袋时应折口，目的是在保水的前提下，避免高二氧化碳伤害，特别是后期的高二氧化碳伤害。

8. 合理堆码或上架

塑料周转箱热量交换好，码垛密度可适当大些；纸箱包装时，箱上必须设计足够的通气孔，垛间和箱间留有通道和间隙，并考虑纸箱的承重，防止下层箱内果实被压伤或塌垛。如果是具有货架的冷库，果箱可直接放在货架上。

9. 科学通风引进自然冷源

科学通风引进自然冷源是对简易储藏场所而言的。

入储藏时温度应在 8℃以下，最高不应超过 10℃，果实可在通风低温下放置过夜散去部分田间热，早晨气温低时入贮。从入库到场所内的温度降至 0℃为降温阶段，要不断地利用外界低温，并相应地降低场所内土层温度，主要是夜间打开窑门和通气孔，白天外界温度低于窑内温度时也可通风；从窑温降至 0℃到翌年春天窑温回升为蓄冷阶段，外界温度不低于 -5℃时，可开启窑门和通气孔，将外界冷量引入蓄积在窑内土层中，低于 -5℃时关闭窑门和通气孔，保温防冻，通风管理得好，低温土层蓄冷就多；春天外界温度回升使窑温回升阶段是保冷阶段，应严格关闭窑门和通气孔，尽量减少人员进出，维持窑内已经降低的温度，可做到"冬冷春用"；待全部果品出库后，要清扫窑洞并进行消毒处理，用砖或土坯将窑门封严，堵塞通气孔，以备下次再用。

10. 控制适宜温度和湿度

冷库储藏时，通过调节库温使果实温度控制在 −1 ~ 0℃，塑料薄膜袋包装相对湿度可以满足90% ~ 95%的要求，应防止库温波动和预冷不透，导致袋内湿度偏高。

11. 适时通风排除库内乙烯

乙烯可加速山楂的成熟衰老，也会诱发其他生理病害的发生。因此，要适时通风排除库内乙烯。特别是简易储藏场所温度高，果实乙烯释放量大，更应结合引入自然冷源经常通风换气。

12. 后期加大通气量

山楂储藏后期对低氧和高二氧化碳比较敏感，在春节前后应抽查袋内氧和二氧化碳浓度，以氧10% ~ 15%、二氧化碳1% ~ 3%为宜，即后期需要调高氧浓度，降低二氧化碳指标，这点非常重要。

13. 适时出库销售

根据果实硬度变化和抽查果实品质，确定适宜的出库时间。−1 ~ 0℃下储藏的歪把红山楂一般可储藏至翌年3月份以后。

四、枇杷储藏保鲜实用操作技术

枇杷，别名芦橘、芦枝，原产我国东南部，目前我国内地有10余个省份有栽培，其中福建莆田的常太、浙江杭州余杭区的塘栖、江苏吴县的洞庭山为中国三大枇杷产地。全国栽培面积10万 hm² 以上，产量约40万 t。

（一）储藏特性

枇杷属于亚热带水果，为非跃变型果实。果实的呼吸高峰和乙烯高峰出现于储藏初期，然后呈下降趋势，直至储藏结束。成

110

熟于高温季节，低温能延缓和抑制呼吸高峰和乙烯高峰的出现。枇杷果实皮薄柔软多汁，易受机械伤，伤口易腐烂，果皮易变色，较难储藏。

1. 成熟期和成熟度

枇杷的成熟期因品种和产地不同有所差异，一般在5—6月。适宜采收成熟度为当地市场销售，最好在成熟期采收，运销外地，可在八九成成熟采收。习惯上以果实完全着色作为最佳采收标准。按鲜枇杷采后储藏流通标准（GB/T 13867—92），白肉类枇杷成熟采收时可溶性固形物不得低于11%，红肉类枇杷可溶性固形物不得低于9%。因枇杷花期不一，因此采摘要分批进行，选黄留青。

2. 品种及其耐藏性

枇杷的品种很多，依果肉色泽分为红肉类（红砂类）和白肉类（白砂类）；依果形分为圆果类和长果类。红肉类肉较粗，风味稍淡，果皮厚，耐贮运；白肉类肉质细，风味好，贮运性相对差。圆果类核较多，果较小，肉薄；长果类果大，核少，肉厚，罐藏、加工性能均好，属进化类型。主要品种有福建莆田的大钟枇杷和解放钟枇杷、余杭塘栖软条白砂枇杷、余杭塘栖的大红袍、苏州东西山的青种枇杷和白沙枇杷等是我国枇杷主产地的主要栽培品种。莆田栽培的主要枇杷品种的耐藏性依次为解放钟枇杷≥乌躬枇杷≥早钟6号枇杷≥长红3号枇杷≥白梨枇杷。耐藏储藏品种一般含水量相对低、原果胶含量和总酸度高、果实硬度大。

3. 贮运期不同品种易出现的问题

枇杷果实皮薄，易受机械伤；果皮上有一层蜡粉茸毛，摩擦后果皮易变色。

4. 贮运期病害及其防控

枇杷炭疽病和枇杷灰斑病是贮运期主要病原性病害。炭疽病主要为害成熟果实，引起贮运过程中的损失。高温高湿环境中为害严重。灰斑病是枇杷叶部的主要病害，叶片上的病菌还感染果实而导致果实在储藏期间大量腐烂。

贮运温度低时果肉更易发生木质化。为减免品质的明显劣变，贮运温度一般不宜低于2℃。

良好的果园管理、精细采收、精细分级和处理、减免机械伤、入库前储藏场所消毒、控制适宜的储藏温度、防腐处理，是防控病原性病害的综合措施。

（二）可参照储藏条件

果实温度（品温）：2~4℃；

相对湿度：90%~95%；

气体成分：O_2 2%~3%，CO_2 3%~5%。

（三）储藏场所和方式选择

简易储藏场所。储藏时间很短，只能缓解临时周转问题。

机械冷库储藏。机械冷藏是我国目前储藏枇杷应用较普遍的一种方式。为避免磕碰和摩擦，一般采用纸箱单层装果，在果实上下部和果实之间采用纸屑等缓冲材料，见图。

气调储藏。研究表明，气调储藏可以明显延长枇杷的储藏期，但生产中应用很少。而采用塑料薄膜袋包装冷藏，是一种简易气调冷藏方式，经济有效，储藏效果也较好。

（四）枇杷贮运简明工艺流程

简明工艺流程：

冷库及包装物清洁、消毒→冷库提前降温→适时精细采收→挑选分级→保鲜剂处理→装入保鲜袋→快速预冷→控制适宜的储藏温度、湿度、采用气调或简易气调储藏→根据品种耐藏性适时

112

图　纸箱包装的枇杷垫衬缓冲纸屑

出库销售（耐藏品种科学精细储藏，可储藏 2 ~ 2.5 个月，时间进一步延长风味和口感会显著降低）。

　　成熟度适宜的果实，采收时用剪刀逐个剪取，保留的果梗宜短，剪口要平整，以免相互刺伤。注意保护表皮上的蜡粉，摩擦、手捏导致蜡粉层破坏容易造成果皮氧化变色。产地冷库储藏枇杷的方式有：将果实单层放置在小纸盒内，纸盒或采用单果摆放托盘或使用碎纸屑进行缓冲，将果实彼此隔开。将盒内果实充分预冷至 2 ~ 3℃后，用 0.025mm 厚的 PE 袋，每袋装 10 盒扎口，放入纸箱内，每箱装果实 5 ~ 7.5kg。将果箱放置在货架上或码垛，在 2 ~ 4℃下储藏。耐藏品种科学精细储藏，可储藏 2 ~ 2.5 个月，储藏时间进一步延长时，风味和口感会显著降低。

　　工艺流程注释：

　　1. 冷库及包装物清洁、消毒

　　常用的消毒杀菌方式有：①果蔬库房消毒烟雾剂进行熏蒸；②4% 的漂白粉溶液进行喷洒消毒或用 0.5% ~ 0.7% 的过氧乙酸溶液进行喷洒消毒；③臭氧发生器消毒，一般每 $100m^3$ 配置 5g/h

产量的臭氧发生器，库内臭氧浓度达 10 μl/L 左右。

2. 冷库提前降温

果实入库前 2 天开启制冷机，将库温降至 0℃，产品入库后会减低回升幅度。

3. 适时精细采收

果实刚完全着色即八九成成熟。采收应精细，减免机械伤，不能用手指触摸果面。

4. 包装方式

可采用纸质子母箱包装。纸盒内垫衬柔软材料（如碎纸屑）装入果实，每盒装量 0.5～1kg，预冷至品温达到 2～3℃后，10 盒为一组，装 0.025mm 厚的 PE 袋，扎紧袋口，放入纸箱内。纸箱开孔面积不得低于总面积的 5%。

5. 根据品种耐藏性适时出库销售

耐藏品种储藏期 2～2.5 个月。

第六章 柑橘类水果保鲜实用操作技术

一、柑橘类水果保鲜实用操作技术

柑橘类水果是指柑、橘、橙、柚、柠檬和金柑等柑橘属及其近缘属水果的总称，是我国南方生产的第一大水果。我国柑橘类水果种植区可分为长江中上游种植区、赣南-湘南-桂北种植区、浙-闽-粤柑橘种植区、鄂西-湘西柑橘种植区和特色柑橘生产基地。

2013 年，全国内地种植面积约 230.6 万 hm^2，产量约 3 167.8 万 t，其中，柑类 1 023.2 万 t，橘类 1 160.3 万 t，橙类 591.6 万 t，柚类 337 万 t，其他 55.7 万 t。

（一）储藏特性

总体来讲，柑橘类果实较耐储藏，生产中储藏量较大，储藏时间较长。但不同种类和品种间耐贮性差异相当大，耐藏性由强到弱的大致次序为柠檬、柚、橙、柑和橘。

1. 成熟期和成熟度

我国南方特早熟柑类约在 8 月底开始采收；早熟品种的橘类和橙类从 11 月初开始采收；11 月中旬至 12 月下旬成熟的柑和橘类为中熟品种；1 月上旬至 6 月下旬成熟的柑和橘类为晚熟品种。

柑、橘和橙类采收期的确定，应以果皮色泽、果汁可溶性固形物含量、果汁固酸比作为采收指标。果皮颜色：甜橙呈橙黄或浅橙色；宽皮橘、杂交柑中橙色品种呈橙黄或浅橙色，红色品种

115

呈红色或浅红色；柚类呈浅黄色或浅黄绿色。固酸比参考指标：脐橙≥9，低酸甜橙≥14，其他甜橙≥8；温州蜜柑≥8，椪柑≥13，其他宽皮橘、杂柑≥9；沙田柚≥20，其他柚类≥8。柠檬可通过有机酸和果汁率确定：有机酸≥3.0%，果汁率≥20%。

一般来讲，果实达8.5~9成熟时采收，果皮已转色，转色程度为充分成熟的70%~80%。

2. 种类、品种及其耐藏性

柑橘类果实包括橘类、柑类、橙类、柚子和柠檬。

（1）橘类、柑类和橙类主栽品种。宽皮橘类中，栽培面积大的品种类型主要有温州蜜柑、椪柑、南丰蜜橘、沙糖橘，浙江和福建等省还有少量的瓯柑和蕉柑，其中，瓯柑和蕉柑较耐储藏，椪柑耐藏性中等，沙糖橘和红橘不耐储藏；甜橙类主栽品种有：纽荷尔脐橙、罗伯逊脐橙、华盛顿脐橙、朋娜脐橙、清家脐橙、奉节72-1脐橙等品种类型，甜橙类果肉相对致密，果皮较厚，因此储藏性能一般良好。

（2）柑橘类水果储藏性比较。一般地说，柠檬在柑橘类水果中属于最耐储藏的种类，在适宜的储藏条件下，11—12月采收的柠檬，一般可储藏至翌年的6—7月。甜橙类储藏性次之，如锦橙、柳橙等可储藏6个月左右；脐橙类储藏性较普通甜橙差，一般能储藏3~4个月，主要是容易发生枯水现象。宽皮柑橘类的储藏性再次之，如温州蜜柑、蕉柑、椪柑能储藏3~4个月。红橘储藏性最差，一般能储藏1~2个月，主要是浮皮或枯水的发生。杂柑不同品种的差异性大，"清见"和"默科特"可储藏2~3个月，"不知火"可储藏1~2个月。柚类一般耐贮性较好，但品种之间差异较大，沙田柚、葡萄柚、胡柚中心柱充实或比较充实，果皮海绵层致密，果皮蜡质厚，耐贮性好，而中心柱不充实或采前裂果严重的柚类品种如脆香甜柚、中江柚、逢溪柚、文旦柚储藏性也较差。有些品种如晚白柚等储藏期稍长时，汁胞软化，品质下降；橘橙或橘柚等杂交良种一般具有较强的耐储藏性能。

3. 贮运期易出现的问题

柑橘类水果储藏期主要是低温引起的生理病害、不适宜气体引起的生理病害和病原菌引起的腐烂。低温引起的生理病害主要是褐斑病、水肿病、果肉变味等。比如，琯溪蜜柚发生冷害后果肉会变苦。一般来讲橘类较耐低温，柑类和橙类次之，柠檬最不耐低温。柑橘类果实对低氧和高二氧化碳十分敏感，橙类虽能耐2%左右的二氧化碳，但是控制不好，也会产生二氧化碳伤害，因此不适宜采用气调储藏；柑橘类果实病原性病害种类较多，而机械伤是引起病原菌侵染并导致腐烂发生的主要原因。

4. 储藏期病害及其防控

柑、橘和橙储藏过程中最主要的病原性病害有青绿霉病、酸腐病、蒂腐病、黑腐病和炭疽病。青绿霉病和黑腐病多从伤口侵染发病；酸腐病常发生在储藏中后期；炭疽病和蒂腐病多发生在储藏后期，蒂腐病的发生与果实果蒂脱落密切有关。

良好的果园管理、精细采收、精细分级和处理、减少机械伤、入库前储藏场所消毒、控制适宜的储藏温度、单果微膜袋包装等，是防控病原性病害的综合措施；其次，对果实进行必要的防腐处理也是目前生产中常用的方法，但使用的防腐保鲜剂应符合国家有关卫生标准。田间管理差、操作粗放、储藏场所温度偏高时，还必须采用0.01~0.015mm厚聚乙烯薄膜袋或玻璃纸单果包装，既可以保湿，又可隔离果实病害之间的相互传染，也有减轻柑、橘和橙褐斑病的作用。

柑橘储藏期间常见的生理病害主要有果面褐斑病、失水萎蔫、果肉异味以及低温冷害等。生理失调多在储藏中期至后期发生。储藏环境相对湿度低时易加重甜橙褐斑的发生。因此，甜橙储藏时一定注意保持储藏环境相对湿度为 90% ~95%。宽皮柑橘类储藏期间易发生枯水病,"预贮"对减轻储藏期间枯水病发生特别重要。

柑橘类果实对二氧化碳敏感,高二氧化碳会引起果蒂干枯,在储藏过程中应注意通风换气,以便保持场所内较低的二氧化碳浓度。

(二) 可参照储藏条件

1. 果实温度(品温)

橘类:沙糖橘 6℃;南丰橘、马水橘、金橘,4 ~5℃;

柑类:椪柑、芦柑、蜜柑、杂柑,5 ~6℃;

橙类:甜橙(红江橙、锦橙,冰糖橙,血橙):6 ~7℃;

脐橙(纽荷尔、华盛顿、朋娜、奈维琳娜):4 ~8℃;

柚类:西柚 12 ~ 13℃,沙田柚 6 ~8℃,蜜柚黄熟果 7 ~9℃,绿熟果 9 ~11℃;

柠檬类:柠檬 12 ~14℃,莱姆 10 ~13℃。

2. 环境相对湿度

甜橙类:90% ~95%;

蕉柑、椪柑、南丰蜜橘、葡萄柚、柠檬:85% ~90%;

温州蜜柑、红橘:80% ~85%;

柚类:80% ~85%。

气体成分:目前,柑橘类较少进行生产性气调储藏。

(三) 储藏场所和方式选择

由于柑橘类种类和品种繁多,贮运特性不同,因此储藏场所和方式可根据实际情况灵活选择。目前,仍以简易储藏场所储藏为主,少量采用机械冷藏。四川等省部分柑橘采用留树储藏可至翌年3月份。见图6-1。

图6-1　四川部分果园柑橘留树储藏（2013-03-09）

简易储藏场所储藏。柑橘类水果属于喜温性水果，储藏温度要求相对较高，所以，在我国南方自然冷源相对充沛的地区（如长江中上游种植区），均可因地制宜建造地窖、通风库、山洞或其他简易储藏场所进行储藏。储藏量较大时可建造加设隔热保温和制冷设备的通风库，主要是利用自然通风降温，辅助机械制冷。图6-2为因地制宜在山坡上建设的柑橘通风库，下口为自然通风道，上窗为通风换气窗，可人为调节上下口通风道面积控制通风量。图6-3为甜橙库在设置换气扇的基础上，库内安装了柜机空调以快速降低入贮初期的库温和品温。此外，甜橙采用稻草覆盖保湿。

如果简易储藏场所隔热性能很差，或不能有效引入自然冷源，或不注意科学的通风管理，都会造成场所内温度高、果实品温高，柑橘储藏至翌年时腐烂严重，风味明显劣变。图6-4为办公楼下一层用做柑橘储藏库，储藏至翌年3月初，果实腐烂率高，品质劣变严重，测定品温约16℃。

图6-2 建设在坡地上的柑橘通风库

图6-3 设置换气扇和空调的甜橙贮库

机械冷库。机械冷库可明显延长柑橘类水果的储藏期,保鲜质量也有所提高。但是,必须明确储藏种类和品种要求的适宜温度,否则会造成低温伤害,引起严重损失。冷库内的通风换气和湿度调整也很重要,应予以重视。特别应强调的是冷库储藏的柑橘类果实出库后的商品化处理、运输及销售应在全程冷链环境中

图6-4　隔热性能和管理不良的柑橘储藏
库的果实品温（2013-03-05）

进行，否则可能引起生理失调、果面结露等，从而导致大量
腐烂。

（四）小微型冷库温度、湿度的调控

1. 温度设定和融霜操作

农户和专业合作组织建造的小型或微型冷库，一般采用氟利
昂制冷机组，温度的设置是通过温控仪人工设置。以 -50/100℃
"小精灵"温控仪操作为例，设置甜橙储藏温度为6~7℃，应设
置6℃，幅差值1℃，设备即在6~7℃区间运行。温控仪上具有
融霜时间设置功能，一般融霜时间设置25~30min，融霜间隔的
设置原则是：甜橙入库初期间隔短（2天左右融霜1次），温度
稳定后间隔时间加长（几天至十几天），冬季制冷机运行少时融
霜间隔会更长。准确的融霜间隔必须根据人为观察蒸发器的结霜
情况而定，当蒸发器上有白色霜层但是没有明显阻挡出风时即应

除霜。所以，应根据使用阶段及时调整融霜时间，方可达到及时融霜、又不出现无霜或少霜频繁加热导致库温波动的目的。

2. 湿度保障措施

冷库内相对湿度低于75%时，可以通过地面洒水或加湿器加湿的方式提高湿度，特别是没有采用单果包装的果实。但是，地面不能因洒水出现"明水"聚积。产品相对湿度的保证主要靠冷库设计时适当增加制冷系统的蒸发面积、库温恒定和塑料薄膜袋单果包装来解决。

（五）柑橘类储藏简明工艺流程

柑与橘果实储藏简明工艺流程：

1. 简易储藏场所储藏简明工艺流程

冷库及包装物清洁、消毒→提前降温或通风→适时精细采收（采收七八成成熟的果实）→严格挑除病虫机械伤果实→液体保鲜剂处理，晾干浮水→预贮→微膜袋单果包装→装箱→尽量调控适宜温度和相对湿度→根据品种耐藏性、当地气温和场所管理情况适时出库销售。

2. 冷库储藏简明工艺流程

冷库及包装物清洁、消毒→提前降温→适时精细采收（采收85%成熟的果实）→严格挑除病虫机械伤果实→液体保鲜剂处理，晾干浮水→预贮→微膜袋单果包装→装箱→控制适宜温度和相对湿度→根据品种耐藏性适时出库销售。

工艺流程注释：

1. 冷库及包装物清洁、消毒

常用的消毒杀菌方式有：①果蔬库房消毒烟雾剂进行熏蒸；②4%的漂白粉溶液进行喷洒消毒或用0.5%～0.7%的过氧乙酸

溶液进行喷洒消毒；③臭氧发生器消毒，一般每 $100m^3$ 库容配置 $5g/h$ 产量的臭氧发生器，库内臭氧浓度达 $10\mu l/L$ 左右。对使用多年且有腐烂果实沾染严重的简易储藏场所，消毒工作必须认真，不能忽视。

2. 冷库提前降温

果实入库前 1 天开启制冷机，将库温降至较储藏种类或品种要求的温度低 $2\sim3℃$。

3. 85%成熟时精细采收

在根据生长期和外观果皮色泽判定的基础上，有测定条件的情况下，果汁可溶性固形物含量和果汁固酸比可作为采收成熟度的进一步确定指标（见前文中成熟期和成熟度）。采收、装箱和运输过程中，必须尽力减免机械伤。

4. 液体保鲜剂处理，晾干浮水

柑橘类果实长期储藏时，对果实进行必要的防腐处理是目前生产中常用的方法，常用浸果法进行处理，但使用的防腐保鲜剂应符合国家有关卫生标准。

5. 预贮

预贮对柑橘类水果储藏是非常重要的一个环节，是指将果实经保鲜剂处理后，放置在干燥、凉爽、通风良好且不受阳光直射、不受雨淋或霜冻的地方进行几天的存放。果实摊放高度为 $4\sim5$ 个果高，一般预贮时间 $3\sim4$ 天（以果实失重率达 2% ～ 3%，用手轻压果实，感觉果皮稍软化、有弹性时为宜）。预贮条件是：温度 $6\sim8℃$、相对湿度 75%，通常甜橙、柠檬预贮2～3 天；宽皮柑橘类、杂柑 $3\sim5$ 天；柚子 $7\sim12$ 天。

6. 微膜袋单果包装

采用 $0.01\sim0.015mm$ 厚聚乙烯薄膜袋或玻璃纸单果包装果

实，既可以保湿，又可隔离果实病害之间的相互传染，也有减轻柑、橘和橙褐斑病的作用。薄膜太厚、储藏温度高且时间长时，会引起果实风味变差。图6-5为宽皮桔聚乙烯薄膜单果包装通风库储藏。

图6-5　聚乙烯薄膜单果包装通风库储藏宽皮橘

7. 装箱

外包装常用瓦楞纸箱或塑料箱。

8. 控制适宜温度和相对湿度

采用冷库储藏时，一定要咨询核实清楚所储藏品种适宜的储藏温度和相对湿度。目前，柑橘类果实冷库储藏以甜橙为主，储藏温度以6~7℃为宜，相对湿度90%~95%。如果采用纸箱裸果包装，必须通过加湿的方式控制相对湿度。参考相对湿度：甜橙为90%~95%，蕉柑、椪柑、南丰蜜橘、葡萄柚85%~90%，温州蜜橘、红橘80%~85%。加湿时必须注意防止果箱回潮，否则可能发生果箱软化变形甚至果垛垮塌。

采用简易储藏场所进行储藏，应在场所有代表性的位点悬挂干湿球温度计，方便掌握场所内的温度和相对湿度。由于场所建造地、设计、施工工艺和技术以及管理方面的差异，不同场所内的温度会有高有低，但是应当通过窖门（口）的开闭、添加覆盖物等，及时调整场所内温度，做到防热、防冷。实地调查表明，四川南充地区多数地窖相对湿度可达到85%～90%的适宜相对湿度。湿度低时，可以通过洒水、放置盛水容器或加湿器加湿等方式提高相对湿度，或采取单果包装的方式，可有效避免果实失水。

9. 适时出库销售

目前，我国柑、橘、橙多数仍采用简易储藏场所进行储藏，适时出库时间不可能准确划定。大致储藏期可参见"种类、品种及其耐藏性"。

二、尤力克柠檬储藏简明工艺流程

四川省安岳县柠檬种植面积最大约20万亩，占全国种植面积80%左右，品种以尤力克柠檬为主，果实多数出口。当地采收一般在11月中下旬，用通风库储藏一般储藏在至翌年2月中旬，腐烂率5%～10%。此后不少经销商将柠檬转至冷库继续储藏，可储藏到5—6月。

可参考储藏条件：温度（品温）：12～14℃；

环境相对湿度：85%～90%。

目前多数储藏为通风库常温储藏，在四川省安岳县储藏期一般以翌年2月底为限，鉴于持续出口要求高品质柠檬的需求，应采用冷库储藏以显著延长储藏期。图6–6为常温厂房储藏至翌年3月初的柠檬，但因采收、运输粗放，加之温度高，所以腐烂率较高。

图 6 – 6　常温厂房储藏至翌年 3 月初的柠檬（2013 – 03 – 07）

柠檬采收后可在包装厂进行分级、保鲜剂处理、晾干、单果微孔膜包装后，在常温库内放置，在翌年 2 月中旬前转入冷库适宜温度下储藏。冷库设定温度 12 ~ 14℃。该储藏模式可以节省前期的部分电费，也可缓解冷库不足的矛盾，储藏效果良好。如果分级、保鲜剂处理、晾干后直接进入冷库，单果微孔膜包装应该在 10 ~ 11℃下进行，然后储藏在同样温度的冷库中，注意要经常通风换气，排除乙烯等有害气体。

三、琯溪蜜柚储藏简明工艺流程

琯溪蜜柚的采收时间以 9 月下旬至 10 月上中旬为宜，采收成熟度以 85% ~ 90% 成熟最佳。采收时要用果剪沿果蒂处与柚果齐平剪下。

室温下储藏的期限为 60 天以内，主要问题是失水比较严重，汁胞失水并粒化，食用品质明显下降或腐烂；冷库储藏的步骤为：采后的柚果常温下发汗 48h 后，用臭氧化水浸泡处理 5min，搽干浮水，用 0.015mm 的 PE 膜单个包装。

果实成熟度与储藏选用温度直接相关：产地的参考做法为果皮淡绿的果实，入贮温度应为 9～11℃，并以每个月 2℃ 的幅度缓慢降温，直至 7℃；果皮淡黄的果实，储藏温度应为 7～9℃；11 月下旬采摘，果皮金黄色，田间未经历过低于 5℃ 低温的果实，储藏温度应为 6～7℃。

由于柚果已经单果套袋包装，所以，库内相对湿度不需要过高，80%～90% 即可。蜜柚冷库储藏另一个关键条件是及时、充分地进行通风换气，保证库内的二氧化碳浓度低于 1%。

蜜柚的储藏期，根据田间栽培状况、产地的海拔高度、土壤和气候条件人不同。一般在 45～90 天。

第七章 浆果类水果保鲜实用操作技术

一、葡萄储藏保鲜实用操作技术

葡萄属浆果类温带水果，主要在我国北方栽培，近年来南方避雨栽培葡萄面积发展也很快。全国主要产区 10 余个，但以环渤海湾产区和新疆产区面积和产量最多。主栽品种为巨峰、红地球、无核白、玫瑰香、牛奶、秋黑、龙眼、夏黑等。

2013 年，全国种植面积约 66.6 万 hm^2，产量 1 054.3 万 t。2015 年，国际葡萄与葡萄酒组织（OIV）报告称，中国已成为全球第二大葡萄种植国，葡萄种植达 79.9 万 hm^2。

（一）储藏特性

葡萄属于浆果类无呼吸跃变型水果，生产中贮运量较大，对储藏技术和条件要求较高。不同品种间耐贮性差异较大。

1. 成熟期和成熟度

晚熟品种比中熟品种耐贮，早熟品种一般不作储藏；拟长期储藏的葡萄应在充分成熟时（十成成熟）采收。主要外观指标是，自然成熟应达到本品种应有的色泽；内在成分含量要求是：北方巨峰葡萄的可溶性固形物含量达 16% 以上；西部产地红地球葡萄可溶性固形物含量达 18% 以上；东部产地的红地球葡萄固形物含量达 16% ~ 18%。

葡萄储藏过程萎蔫、褐变、干枯等表现早的是果梗。采收时果梗粗、木质化程度高的果穗，储藏中果梗干枯和褐变均轻得多。

2. 品种及其耐藏性

生产中耐藏且栽培面积大品种是龙眼、秋黑、玫瑰香、巨峰等，在品温 $-1 \sim 0℃$、相对湿度 90% ~ 95% 结合适宜保鲜剂使用，储藏期可达 4 ~ 5 个月；红地球葡萄是"耐藏性好但不好储藏"的品种，主要是因为该品种对二氧化硫比较敏感，二氧化硫浓度高时果实易遭受漂白伤害，浓度低时果实容易遭受灰霉菌侵染而导致腐烂，储藏期一般在 3 ~ 3.5 个月；马奶、木纳格、无核白等葡萄，贮运中易出现果皮和果肉褐变、果柄断裂或果粒脱落等现象，属于不耐藏品种，储藏期通常在 3 个月以内；克瑞森无核葡萄耐藏性良好，表现在果梗易保绿，脱粒率低，果实不易褐变且较耐二氧化硫；火焰无核果实耐藏性差，果梗细，易干枯，但脱粒率和果实褐变率低，较耐二氧化硫。

3. 储藏中易出现的问题

葡萄储藏过程中易发生干梗、掉粒、腐烂，生产中长期储藏对应的措施是：低温、高湿、使用防腐剂。温度是影响葡萄储藏质量的最重要因素。$-1 \sim 0℃$ 的低温储藏可有效抑制霉菌的发生和果实的衰老；维持 95% 左右的相对湿度和使用保鲜剂，是防止葡萄失水干梗和脱粒的关键；为了抑制葡萄储藏过程中因病原菌侵染引起果实腐烂，抑制葡萄的代谢活性，常采用二氧化硫或可以产生二氧化硫的制剂用作葡萄保鲜剂。

巨峰系品种、新疆无核白储藏过程中容易落粒；马奶等白色葡萄品种，储藏过程中果皮和果肉易发生褐变；木纳格葡萄果梗细脆，容易折梗落粒。

红地球、马奶等葡萄对二氧化硫敏感，储藏过程中容易遭受二氧化硫伤害而漂白。穗轴、果梗及果皮是二氧化硫进入葡萄的主要途径，经二氧化硫熏蒸处理后，葡萄各部位二氧化硫残留通常以穗轴、果梗最高，果柄次之，果皮较低，果肉最低。

4. 贮运期病害及其防控

葡萄储藏过程中最主要的病原性病害是由灰葡萄孢霉引起的灰霉病，在 -1 ~0℃ 的条件下冷藏，如果不使用保鲜剂，即使品质好的葡萄 40 天左右就会出现病原菌侵染造成的腐烂。良好的果园管理、精细采收分级和处理、减免机械伤、入库前储藏场所消毒、控制适宜的储藏温度，结合二氧化硫或可以产生二氧化硫的保鲜剂，是减免灰霉病发生的综合措施。

（二）可参照储藏条件

果实温度（品温）：-1 ~0℃；
环境相对湿度：90% ~95%；
气调储藏：O_2 3% ~5%，CO_2 3% ~5%。
国内外鲜食葡萄较少采用气调储藏。但近年来研究结果认为，气调储藏对部分葡萄品种有较好效果。研究结果指出，玫瑰香葡萄适合气调储藏，适宜的气体成分能延缓可滴定酸、可溶性固形物和还原糖的降低，保持果梗的绿色，而且明显抑制腐烂与脱粒。以 10% 的氧和 8% 的二氧化碳比较适宜。

确定不同葡萄品种气调储藏的效果及其低氧和高二氧化碳伤害时，可根据以下特征：低氧条件下，葡萄浆果乙醇含量较高，风味有所下降，但对果肉色泽影响不大，所以低氧伤害外观较难判断；而二氧化碳对葡萄果皮和果肉的伤害症状则较明显，一般表现为果品先变黑，然后果梗变褐，呈水渍状，最后果肉明显褐变，有强烈的酒精味，风味完全劣变。

（三）储藏场所和方式选择

机械冷库储藏。由于葡萄为较难储藏的浆果类水果，加之近年来对保鲜葡萄的外观品质要求越来越高，即对葡萄果梗的新鲜度和果粒的饱满度要求越来越高。所以，拟长期储藏的葡萄均应

130

采用机械冷库储藏。机械冷库加塑料薄膜袋包装结合使用缓慢释放二氧化硫的保鲜剂冷藏，是我国目前储藏葡萄应用最普遍的一种方式。为适应我国农村家庭联产承包责任制和农民专业合作社的生产模式，在葡萄集中产贮区，小型和微型冷库已经成为目前葡萄储藏的主要场所之一。

一般认为，气调储藏对葡萄品质保持和储藏期的延长的作用不太显著，所以葡萄储藏通常很少采用气调储藏。

（四）小微型冷库温度、湿度的调控

1. 温度设定和融霜操作

小型或微型冷库一般采用氟利昂制冷机组，温度的设置是通过温控仪人工设置。以 -50/100℃ "小精灵" 温控仪操作为例，设置葡萄储藏温度为 -1~0℃，应设置 -1℃，幅差值1℃，设备即在 -1~0℃区间运行。温控仪上具有融霜时间设置功能，一般融霜时间设置25~30min，融霜间隔的设置原则是：葡萄入库初期间隔短（10~20h 融霜 1 次），温度稳定后间隔时间加长（几天至十几天），冬季制冷机运行少时融霜间隔会更长。准确的融霜间隔必须根据人为观察蒸发器的结霜情况而定，当蒸发器上有白色霜层但是没有明显阻挡出风时即应除霜。所以，应根据使用阶段及时调整融霜时间，方可达到及时融霜，又不出现无霜或少霜频繁加热导致库温波动。

2. 湿度保障措施

冷库内相对湿度低于75%时，可以通过地面洒水或加湿器加湿的方式提高湿度，但是地面不能因洒水出现"明水"聚积。产品相对湿度的保证主要靠冷库设计时适当增加制冷系统的蒸发面积、控制好果实预冷终点温度、库温恒定和塑料薄膜袋包装来解决。

（五） 葡萄冷藏简明工艺流程

冷藏工艺流程：

1. 巨峰葡萄

冷库及包装物清洁、消毒→冷库提前降温→充分成熟时精细采收→装入包装箱内垫衬的塑料袋内→预冷过程（敞开袋口快速降温 12h，库内相对湿度低时地面可适当洒水）→放置巨峰葡萄保鲜剂→紧扎袋口→品温 $-1 \sim 0℃$ 下储藏→适时出库销售。

2. 玫瑰香、龙眼、秋黑、克瑞森无核等耐二氧化硫品种

冷库及包装物清洁、消毒→冷库提前降温→充分成熟时精细采收→装入包装箱内垫衬的塑料袋内→预冷过程（敞开袋口快速降温至产品温度为 0℃，库内相对湿度低时地面可适当洒水）→放置葡萄专用保鲜剂→紧扎袋口→品温 $-1 \sim 0℃$ 下储藏→适时出库销售。

3. 红地球葡萄等对二氧化硫敏感品种

冷库及包装箱清洁、消毒→冷库提前降温→采前液体保鲜剂喷洒果穗→充分成熟时精细采收→装入包装箱内垫衬的塑料袋内→预冷过程（敞开袋口降温至产品温度为 0℃，库内相对湿度低时地面可适当洒水）→放置红地球葡萄专用保鲜剂→紧扎袋口→品温 $-1 \sim 0℃$ 下储藏→适时出库销售。

工艺流程注释：

1. 冷库及包装物清洁、消毒

常用的消毒杀菌方式有：①果蔬库房消毒烟雾剂进行熏蒸；②4% 的漂白粉溶液进行喷洒消毒或用 $0.5\% \sim 0.7\%$ 的过氧乙酸溶液进行喷洒消毒；③臭氧发生器消毒，一般每 $100m^3$ 配置 $5g/h$ 产量的臭氧发生器，库内臭氧浓度达 $10\mu l/L$ 左右。

2. 冷库提前降温

果实入库前 2 天开启制冷机，将库温降至 -2℃。

3. 采前液体保鲜剂喷洒果穗

由于红地球葡萄冷藏过程中更易出现病原菌引起的腐烂，所以推荐红地球葡萄在采前 2 ~ 3 天果穗喷洒有效成分为噻苯咪唑的采前液体保鲜剂，经 2 ~ 3 天后再采收。

4. 充分成熟时精细采收

储藏的葡萄应充分成熟时采收，这是与多数水果的不同点。判断成熟度的标准是：品种在不同产地的生长天数、着色情况和果肉可溶性固形物含量。北方巨峰葡萄可溶性固形物含量一般应达 16% 以上；西部产地红地球葡萄可溶性固形物含量应达 18% 以上；东部产地的红地球葡萄可溶性固形物含量达 16% ~ 18%。采前不使用乙烯利或其他催熟催色激素。

5. 装入包装箱内垫衬的塑料袋内

包装箱通常有多孔塑料箱、纸箱和泡沫箱。在包装箱内垫衬的塑料袋有聚乙烯袋和无毒聚氯乙烯袋两种。红地球等对二氧化硫敏感且适宜较干爽环境的品种，最好使用透湿性较好的无毒聚氯乙烯袋。对二氧化硫忍耐性较高且能耐高湿的品种，可使用聚乙烯袋。两种袋子的厚度均为 0.025 ~ 0.03mm；葡萄在箱内单层摆放，箱子高度一般在 12cm 左右，装量不超过 10kg，以 5kg 以内为宜。果实田间装箱后一般不宜再次倒箱。

6. 预冷过程

我国生产中贮户将果实进入冷库直至内衬的塑料袋封口这段过程叫预冷。这个过程做不好，保鲜袋内就容易产生水汽，引起葡萄腐烂。正确的做法是：①分批入库，每次入库量不超过库容量的 25%；②巨峰系品种预冷时间不超过 12h，以减少储藏过程中的脱粒，其他品种以品温达到0℃为预冷终点；③根据采收前的天气状况，适当调整预冷时间。采收前长期干旱，或者果园停水较早、预冷库风速大，入库果箱不多，品温达到0℃即可；采收时正遇到雨季，在低温高湿的情况下强行采摘，果穗含水量高，在品温达到0℃的前提下，应加长预冷时间至30h左右。

7. 放置保鲜剂

目前，使用的葡萄保鲜剂是可以缓慢释放二氧化硫的制剂，有运输保鲜纸、片剂和颗粒剂等类型。长贮的巨峰、玫瑰香、龙眼、秋黑等葡萄，应采用片剂与颗粒剂配合使用的方式；红地球等对二氧化硫敏感的葡萄，应采用红地球专用葡萄保鲜剂，以防二氧化硫伤害。

在常温和低温条件下，采用高浓度二氧化硫熏蒸伤害性试验结果，对几种葡萄品种对二氧化硫敏感性进行了初步分类，瑞必尔、红宝石、红地球为二氧化硫敏感型，龙眼、玫瑰香、秋黑、巨峰为二氧化硫忍耐型。所以应根据葡萄品种对二氧化硫的敏感性，灵活掌握放置保鲜剂的数量。

8. 紧扎袋口

可用塑料绳扎口，也可将袋口拧紧达到密封的目的。

9. 维持品温 -1 ~0℃下储藏

根据不同包装箱，适当调整冷库温度，使品温维持在 -1 ~0℃。

10. 适时出库销售

优质巨峰、玫瑰香、龙眼葡萄一般不超过5个月，西部优质红地球葡萄3个月左右，东部红地球葡萄一般不超过2.5个月。

二、猕猴桃储藏保鲜实用操作技术

猕猴桃是原产于我国长江流域的一种落叶性藤本果树。果实营养丰富，特别是维生素 C 含量高。因此，近年来猕猴桃作为一种新兴的水果，在许多国家和地区发展迅速。陕西周至、四川都江堰、河南西峡、贵州修文等是我国猕猴桃的主要产区。

2013 年全国种植面积约 13.9 万 hm^2，产量约 145.3. 万 t。

（一）储藏特性

猕猴桃属浆果类呼吸跃变型水果，对温度和乙烯很敏感。在乙烯浓度极低（0.1mg/kg）的情况下，即使在 0℃ 下储藏也会诱发果实呼吸跃变的发生，加快猕猴桃果实软化并且会使果心中央出现白色内含物。猕猴桃具有明显的生理后熟期，采收时果实生硬，需要经过后熟，使果实变软后才具有良好的食用品质。采后在常温下若不及时处理，果实内乙烯迅速增加，呼吸显著增强，存放 1 周左右，便开始软化、腐烂，很快失去商品价值。

1. 成熟期和成熟度

我国主产区猕猴桃的采收期一般在 9—10 月。不同品种或同一品种在不同产地，成熟期一般不一致，采收期也就不同。在陕西关中地区"秦美"猕猴桃的采收适期为 10 月中旬左右，该品种口感偏酸，正逐步被其他优良品种取代；海沃德 10 月中下旬成熟，是目前人工栽培品种中储藏性与货架期最好品种之一；红阳为早熟品种在眉县果实成熟期为 8 月下旬至 9 月上旬；徐香果实在眉县 10 月上旬成熟。

采收时期对猕猴桃果实的耐贮性影响很大，如果在适宜的成熟度采收，并通过合理储藏，一般耐藏品种可储藏 5 个月，仍可保持良好的品质。近年来，各地利用测定可溶性固形物含量作为确定采收期的参考指标。一般认为，陕西周至的"秦美"猕猴桃可溶性固形物含量在 7.0% 左右为采收适期。判定成熟度的简易方法是：当果实稍微用力手推较易从果柄处脱落时即可采收，此时的成熟度为八成熟。

果实的大小与耐贮性有一定的关系。一般来说，小果实比表面积较大，因而水分蒸腾作用较强，失重也较快；太大的果实耐藏性也不好。

2. 品种及其耐藏性

猕猴桃属植物有 100 多个品种和变种，但最具有经济栽培价值的是中华猕猴桃和美味猕猴桃。概括来讲，美味猕猴桃的耐贮性比中华猕猴桃强；有毛品种比无毛品种耐储藏；硬毛品种比软毛品种耐储藏；绿肉品种比黄肉品种耐储藏；晚熟品种比早熟品种耐储藏。同一种不同品种（品系）的猕猴桃耐贮性差异也较大。成熟期较晚的"海沃德""通山 5 号""华光 5 号""洛阳 1 号""E-30""西选 1 号""金魁""红阳"等品种比较耐储藏；"秦美""徐冠""亚特"较耐储藏；近年来选育的红肉猕猴桃耐藏性也较好。

3. 储藏中易出现的问题

猕猴桃果实对乙烯极为敏感，极少量的乙烯就能促进呼吸上升，加速果实软化。因而，必须有效地控制果实乙烯的产生，降低储藏环境中的乙烯含量和抑制乙烯的作用。

控制果实乙烯产生的方法主要是针对果实本身而言的：①参照可溶性固形物含量、生长日期等适时采收；②严格地挑选剔除病虫果、机械损伤果、软烂果。挑选分级的目的既出于提高果实的商品性，同时也因为上述所要剔除的果实易产生乙烯，若果箱内混有这样的果实，也会加速其他正常果实变软；③快速进入低温下进行预冷，采后应在 24h 内进入冷库预冷；④不能与苹果、梨同库储藏，否则，苹果、梨释放出的乙烯会促使猕猴桃变软，缩短储藏寿命。

控制乙烯作用和消除乙烯的方法有：控制适宜的储藏温度；注意储藏环境中的通风换气；采用乙烯吸收剂或乙烯清除机除去环境中的乙烯。

4. 储藏中病害及其防控

猕猴桃储藏过程中最主要的病原性病害是由灰霉菌和青霉菌引起的蒂腐病，除直接引起果实腐烂外，病果释放的乙烯还会加速同箱果实的成熟，缩短储藏寿命。良好的果园管理、精细采收分级和挑选、减免机械伤、入库前储藏场所消毒、控制适宜的储藏温度、使用乙烯作用抑制剂或吸附剂、采用气调储藏，是防控病原性病害的最主要措施。

储藏期间减免果实病害发生的首要因子是控制适宜的储藏温度，抑制果实自身乙烯的产生和已经产生乙烯的作用。吸附饱和高锰酸钾溶液的载体、适时通风换气等是减低储藏环境中乙烯作用的有效措施，在生产中应用较广。

（二）可参照储藏条件

果实温度（品温）：$-0.5 \sim 0.5℃$；
环境相对湿度：$90\% \sim 95\%$；
气体成分：$O_2\ 2\% \sim 3\%$，$CO_2\ 3\% \sim 5\%$。

（三）储藏场所和方式选择

由于猕猴桃在常温下储藏难度大，简易储藏场所不宜调控温度，所以，猕猴桃不宜在简易储藏场所内储藏。

机械冷库储藏。机械冷库加塑料薄膜袋包装结合乙烯吸收剂或乙烯作用抑制剂的使用，是我国目前储藏猕猴桃应用最普遍的一种方式。该配套保鲜技术实际是三项核心技术的组合：即适宜低温、简易气调、乙烯吸收或乙烯作用抑制使用。如果预冷过程到位，储藏环境温度稳定，薄膜包装袋内的相对湿度基本可在95%左右。

气调库储藏。气调储藏可以显著延长猕猴桃的储藏期，并保持良好的品质。国内外均有气调库储藏猕猴桃的实践经验。推荐的储藏温湿度和气调指标是：温度：$-0.5 \sim 0.5℃$，气体成分：O_2 2% ~ 3%，CO_2 3% ~ 5%；相对湿度：90% ~ 95%。气调库内一般还安装机械除乙烯装置，如氧化燃烧式除乙烯装置。

（四）小微型冷库温度、湿度的调控

1. 温度设定和融霜操作

小型或微型冷库一般采用氟利昂制冷机组，温度的设置是通过温控仪人工设置。以 $-50/100℃$ "小精灵"温控仪操作为例，设置猕猴桃储藏温度为 $-0.5 \sim 0.5℃$，应设置 $-0.5℃$，幅差值1℃，设备即在 $-0.5 \sim 0.5℃$ 区间运行。温控仪上具有融霜时间设置功能，一般融霜时间设置30min，融霜间隔的设置原则是：猕猴桃入库初期间隔短（10 ~ 20h），温度稳定后间隔时间长（几天至十几天），冬季制冷机运行少时融霜间隔会更长。准确的融霜间隔必须根据人为观察蒸发器的结霜情况而定，当蒸发器上有白色霜层但是没有明显阻挡出风时即应除霜。所以，应根据使用阶段及时调整融霜时间，方可达到既保证融霜及时，又不出现无霜频繁加热导致库温波动。

2. 湿度保障

冷库内湿度低于75%时，可以通过地面洒水的方式提高湿度，但是，地面不能泼水出现"明水"聚积。产品湿度的保证主要靠冷库设计时适当增加制冷系统的蒸发面积、控制好果实预冷终点温度、库温恒定和塑料薄膜袋包装来解决。

138

（五）猕猴桃储藏简明工艺流程

冷藏工艺流程：

冷库及包装物清洁、消毒→冷库提前降温→八成成熟度（硬果成熟期）精细采收→严格挑选分级→装入衬有聚乙烯袋的塑料周转箱或纸箱内→敞开袋口快速降温至果温为 0℃→放入乙烯吸附剂处理→扎紧袋口→－0.5～0.5℃下储藏→注意库房通风换气→适时出库销售。

工艺流程注释：

1. 冷库及包装物清洁、消毒

常用的消毒杀菌方式有：①果蔬库房消毒烟雾剂进行熏蒸；②4% 的漂白粉溶液进行喷洒消毒或用 0.5%～0.7% 的过氧乙酸溶液进行喷洒消毒；③臭氧发生器消毒，一般每 100m³ 配置 5g/h 产量的臭氧发生器，库内臭氧浓度达 10μl/L 左右。

2. 冷库提前降温

果实入库前 2 天开启制冷机，将库温降至 －2℃。

3. 八成成熟度精细采收

"海沃德""秦美"猕猴桃可溶性固形物含量在 7.0% 左右，采摘时用手推果柄易脱粒，而果实具有足够的硬度。

4. 装入内衬聚乙烯袋的塑料周转箱内

聚乙烯袋的厚度为 0.04mm，每袋装量为 10～12.5kg。

5. 敞开袋口快速降温至果温为 0℃

猕猴桃要求快速预冷，所以降温速度越快越好。

6. 使用乙烯吸附剂

乙烯吸收剂也叫果实生理调节剂，主要作用是脱除乙烯。乙烯吸收剂有商品化产品，也可以自制。制作的方式是将饱和高锰酸钾溶液吸收在多孔性载体上，阴干包装在可透气的小包（无纺布小包）内。如果采用膨胀珍珠岩吸收饱和高锰酸钾溶液制作的乙烯吸附剂，可按 5g/kg 果实的量放入储藏果实的塑料薄膜袋内。

7. 使用乙烯作用竞争性抑制剂

乙烯作用竞争性抑制剂，其有效成分 1－MCP 是一种环丙烯化合物，在常温下以气体状态存在，在液体状态下不稳定。使用方法有两种形式，即帐内集中熏蒸和储藏袋内放入。

（1）帐内集中熏蒸法。采用 0.12mm 抗老化、耐低温的聚氯乙烯薄膜制作一个活动大账，专门用来熏蒸处理入库果实。根据大账容积和已知瓶装 1－MCP 每秒喷雾量可有效熏蒸处理 1.5m³ 空间，求出所制作的大账所需喷雾时间。（计算公式：喷雾时间（秒）＝大账容积（m³）/1.5。猕猴桃的成熟度、处理时的温度、1－MCP 使用浓度和熏蒸时间，均影响处理的效果，应综合掌握。1－MCP 处理猕猴桃的有效浓度范围为 0.98～1.02μl/L，冷库内温度为 8～13℃，熏蒸处理时间为 18～24h。采收同一品种、同一产地的果实边进库、边预冷、边熏蒸处理，不得拖延，否则会降低处理和储藏效果。应严格按使用剂量要求或厂家的说明使用，过量使用会导致果实不能良好后熟。

（2）储藏袋内放入法。将单包的 1－MCP 粉剂放入预冷结束后的储藏袋内，放入的剂量与每箱果实装量（袋内容积）相关，可按相关使用说明操作。

8. 扎紧袋口

将处理好且预冷品温至 0℃时紧扎储藏袋口。猕猴桃适宜气调和简易气调储藏，所以保鲜袋规格、装量适宜时间，一定要密封好。

9. 适宜温度和湿度下储藏

采收时猕猴桃的可溶性固形物含量绝大多数在 10% 以下，

果实品温下限控制在 −0.5℃ 为宜，温度波动越小越好。温度波动小袋内相对湿度控制就理想。

10. 注意库房通风换气

科学通风换气，可排除库内的乙烯等挥发性有害气体，通风时应选择外界温度和库内温度相近时进行，避免引起库温波动。

11. 适时出库

常见猕猴桃品种储藏时间在 70 天以内，一般不会出现明显软烂，如温度和气体成分掌握的好，果实品质上乘且不使用激素，海沃德猕猴桃可储藏 6 个月，秦美猕猴桃可储藏 4~5 个月。

三、树莓、黑莓、蓝莓、桑葚储藏 保鲜实用操作技术

树莓又名木莓、覆盆子，托盘、马林，树莓和黑莓都为蔷薇科悬钩子属重要的浆果。一般把聚合果成熟时与花托分离的种类称为树莓，把聚合果成熟时与花托不分离的种类称为黑莓。

树莓与黑莓的叶子很像，但背面不同，树莓叶子的背面是白色的。树莓果实完全成熟时有红、黄、蓝、紫、黑等多种颜色，但生产上栽培的优良树莓品种，多数果实为红色。黑莓果实成熟时先转红以后逐渐加深为紫黑色。

蓝莓学名越橘果，属于杜鹃花科越桔属植物，大体上可以分为北部高丛蓝莓、南部高丛蓝莓、半高丛蓝莓和兔眼蓝莓以及矮丛蓝莓 5 个种群。果实呈蓝色，果面披一层白色果粉，果肉细腻，果味酸甜。我国蓝莓生产主要集中分布在山东、辽宁、江苏、浙江、黑龙江等省区，其中山东、辽宁等是我国当前集中成片种植蓝莓面积最大的省份。

桑葚也叫桑果、桑实，在我国栽培范围广泛，栽培历史长，

栽培面积较大的省份有新疆，

以和田地区各县和喀什地区的叶城、莎车地区最多。

树莓、黑莓、蓝莓、桑葚都属于小浆果，是近年来发展较快的高营养又具备药理功能的"药食同源"水果，俗称"3G"水果。特别是蓝莓、树莓和黑莓近年来栽培面积迅速增大，贮运保鲜需求十分迫切。"

（一）储藏特性

树莓、黑莓、桑葚均为聚合浆果，果肉柔软多汁、缺乏坚硬的保护性外皮，因此极不耐储藏。常温下树莓、黑莓、桑葚采后20h 左右 即开始霉变，蓝莓2～3天后也开始变质，逐渐失去商品价值。

1. 成熟期和成熟度

人工栽培的树莓、黑莓集中成熟期通常在6月上旬至8月，如夏果型红树莓来味里（Reveille）、黑水晶（Bristol，产量低但是品质好）北京地区露地栽培6月5日左右成熟，紧接着是托拉蜜（Tulameen，北方大城市周边主栽品种）；8月份较早成熟的秋果型有波拉娜（Plana）、波鲁德（Prolude）；最晚成熟秋来斯（Autumn Bliss）、秋英（Autumn Britten）。双季树莓成熟期可到10月份，果实渐次成熟，应分批采收。桑葚每年4—6月成熟采收，在我国新疆桑葚的集中成熟采摘期在5月份。上述聚合浆果如果要进行短期储藏或长途运输，应在8成成熟期采收，即达到品种自身的颜色，但是果实仍具有良好硬度。

蓝莓的成熟期在6—7月，如北陆成熟期间6月中下旬至7月中下旬，蓝丰7月上旬至7月下旬，优质商品果采摘为一个月左右。一般在果实全部转为蓝黑色后3～7天进行采收。

2. 品种及其耐藏性

目前，生产上推广的约20多个树莓、黑莓品种基本是从国

142

外引进筛选出来的，如夏果型树莓：阿岗昆（Algonquin）、堪贝（Canby）；秋果型红树莓：秋来斯（Autumn Bliss）、海尔特兹（Heritage）；黑莓：诺娃（Nova）；黄树莓：金克维（Kiwigold）；黑树莓：黑水晶（Bristol）和黑马克（Mac Black）；紫树莓：缤纷（Royalty）；黑莓：那好（Navaho）、三冠王（Triple Crown）、赫尔（Hull）和切斯特（Chester）。丰满红、宝尼（Boyne）为耐寒品种。我国引进的树莓主要优良栽培品种见表。

晚熟品种如秋来斯（Autumn Bliss）、秋英（Autumn Britte）耐藏性好。

表　我国引进的树莓主要优良栽培品种

种类		国内引进的主要优良栽培品种
红树莓	夏果型	阿岗昆（Algonquin）、宝尼（Boyne）、堪贝（Canby）、奇里考腾（Chilcotin）、奇里瓦克（Chilliwack）、酷好（Coho）、伊克（Encore）、克拉尼（Killarney）、克西拉诺（Kitsilano）、拉萨木（Latham）、拉云（Lauren）、马拉哈提（Malahat）、米克（Meeker）、来味里（Reveille）、托拉（Taylor）、泰藤（Titan）、托拉蜜（Tulameen）、维拉米（Willamette）、菲尔杜德（Fertodi）、美22、保加利亚1号和2号
	秋果型	爱米特（Amity）、秋来斯（Autumn Bliss）、秋英（Autumn Britten）、卡来英（Caroline）、顶酷（Dinkum）、海尔特兹（Heritage）、诺娃（Nova）、波拉娜（Polana）、波鲁德（Prelude）、如贝（Ruby）、萨米特（Summit）
黄树莓		秋金（Fall Gold）、金丰（Golden Harvest）、金萨米（Golden Summit）、皇蜜（Honey Queen）、金克维（Kiwigold）
黑树莓		黑好克（Black Hawk）、黑水晶（Bristol）、黑马克（Mac Black）
紫树莓		柔伊特（Royalty）
黑莓		黑巴奇（Black Butte）、宝胜（Boysen）、克优瓦（Kiowa）、那好（Navaho）、奥拉里（Ollalie）、萨尼（Shawnee）、酷塔塔（Kotata）、斯克优（Siskiyou）、阿泼哈（Arapaho）、三冠工（Triple Crown）、瓦尔多（Wldor）、赫尔（Hull）、切斯特（Chester）

蓝莓主要栽培品种有：东北大连地区的北陆、蓝丰、和伯克

利等，蓝丰的耐藏性优于其他品种。贵州的常见栽培品种有粉蓝、圆蓝、提芙蓝、灿烂、顶峰、杰兔、巴尔德温、S13 等，其中，灿烂和顶峰耐藏性相对较好。辽宁的杜克、日出为鲜食的优良品种，伯克利、北陆 1 和北青为适宜果汁果酒加工的优良品种；圣云、北陆 3 为适合加工果酱的优良品种。

3. 贮运中不同品种易出现的问题

树莓、黑莓、桑葚果肉柔软多汁、缺乏坚硬的保护性外皮，挤压磕碰都易造成损伤，果实后熟软化快，属于易腐难藏水果；目前树莓和黑莓多数是设施栽培，果实带菌基数通常比露地的高，却又难以进行抑菌处理，所以，温度稍高，极易霉变。蓝莓很容易蒸腾失水，贮运和处理的环境湿度太低会导致果实失水萎蔫，所以保持90% ~95%的相对湿度十分必要；蓝莓的冰点温度为 -1.2 ~ -1.0℃，在采用近冰点温度储藏时要保障设施的控制精度。

4. 储藏中病害及其防控

真菌性病害如灰霉病是低温贮运期的主要病原性病害之一，未经预冷或预冷未达到5℃以下的果实也会发生根霉病，贮前田间感染的链格孢菌也会在储藏期发病。

良好的果园管理、精细采收分级和挑选、减免机械伤、入库前储藏场所消毒、采后快速预冷、保持适宜和稳定的储藏温度是防止果实快速软化的首要条件，气调处理对减缓果实的衰老软化和病害发生有显著作用。

（二）可参照储藏条件

果实温度（品温）：蓝莓 -0.5 ~0.5℃；树莓 -0.5 ~0℃；桑葚 0 ~1℃；

环境相对湿度：90% ~95%；

气体成分：O_2 5% ~ 10% ，CO_2 15% ~ 20% 。

（三）贮运方式选择

1. 机械冷库储藏

机械冷库加塑料薄膜袋包装结合 1 – MCP 应用是我国目前储藏蓝莓正在尝试的主要方式之一。所用机械冷库的温度控制精度、温度波动大小对蓝莓的储藏效果和储藏期有极大的影响。如果拟较长时间储藏蓝莓，建议建设"冰温库"（精准控温库）。

2. 气调库储藏

气调储藏可以显著延长蓝莓的储藏期，并保持良好的品质。采用塑料箱式气调，近年来在生产上得到一定的应用，效果良好。然而对气调储藏上述浆果的确切气体指标，国内还缺乏系统的研究。总的结论是这类浆果都可以耐受较高浓度二氧化碳，在适宜储藏温度下，通过气调库或气调包装，积累果实周围环境的二氧化碳浓度，不但可以保持果实硬度和风味品质，还可抑制灰霉菌的生长繁殖。

（四）预冷装置及冰温库储藏温湿度的控制要求

压差预冷、真空预冷和冷库预冷均是国内主要的预冷方式，压差预冷可在 6h 之内将产品的温度降至 1℃ 左右，冷库预冷降至同样温度通常需要 20h，所以应优先使用压差预冷，通过预冷间湿度调节，控制产品失水率在 2.5% 以下；采用冰温库储藏的最大优点是：在整个储藏期可始终保持库温在设定温度 ±0.4℃ 的范围内，蒸发器融霜期间对库温的波动影响很小。

（五）储藏简明工艺流程

冷藏工艺流程：

冷库及包装物清洁、消毒→冷库提前降温→8 成成熟度（硬果全色成熟期）精细挑选采收（注意不要在雨中或雨后马上进行采收）和分级→放入预冷托盘箱内或装入小纸盒或塑料小盒→压差或冷库预冷（挑选后宜在 2h 内进入预冷状态）。

树莓、黑莓：预冷后的果实（一般预冷至 3℃左右）→装入小纸盒或塑料小盒→再装入衬有 0.04mm 聚乙烯袋的塑料周转箱或纸箱内→进入冷库，待果温达到 0℃后，紧扎袋口→严格控制冷库温度为 -0.7 ~ 0℃，使果实处于近冰点温度下→适时出库（树莓、黑莓耐藏品种冷藏时一般不超过 20 天）。

桑葚：矮化密植园人工采摘的桑葚可参照树莓、黑莓的预冷和冷藏方式，大树上掉下拾捡的桑葚由于摔伤和地面污染，只能在冷库中暂时存放并迅速销售。

蓝莓：预冷好的果实→装入气调保鲜箱内（或装入小纸盒或塑料小盒）→调节气调保鲜箱上的进气嘴，使得箱内的气体指标尽量接近 O_2 3% ~ 5%，CO_2 8% ~ 12%→在近冰点温度下储藏→适时出库（蓝莓耐藏品种可储藏 60 天左右）。

运输保鲜工艺流程：

鲜蓝莓远距离运输，可以将用带通气孔的吸塑包装盒（通常每盒 120g 左右）包装蓝莓，再放置在外包装箱内，预冷至品温 5℃以下后，用冷藏车运输，车温 2 ~ 3℃，也可以带通气孔的吸塑包装盒预冷后放到泡沫隔热箱中，在箱中放入冰袋冷藏车运输。

目前树莓的栽培面积和产量仍在增长，鲜销和加工比重大致相当。贮运方式必须严格以低温为基础，并要求快速预冷，空运缩短运输时间。例如天津武清区种植的"双季莓"每天采摘两次，进行装盒和快速降温处理后，直接送到北京机场，然后运往日本和欧美国家。包装预冷好的树莓要在 1.5h 之内送到北京国际机场，从采摘到在日本上市，一般不会超过 10h，到欧美国家

24h 左右。

四、草莓储藏保鲜实用操作技术

草莓多年生草本果树，果实为聚合果，在大棚和陆地栽培，为上市早、色泽艳丽的水果种类。我国四川、河北、、安徽、辽宁、山东等省都有大量草莓种植。

2011 年，全国草莓种植面积约 8 万 hm^2，产量约 110 万 t。

（一）储藏特性

草莓果实系浆果类聚合果，属非呼吸跃变型。成熟后的果实呈鲜红、橘红或暗红色，饱含果汁，果皮极薄，十分娇嫩，极易受损而腐败。草莓成熟期短、上市集中，不耐贮存。草莓耐高二氧化碳，长途运输时可使用干冰增高储藏环中二氧化碳浓度，控制二氧化碳浓度在 10% ~ 20%，既可延缓其变质，又可抑菌防腐。

1. 成熟期和成熟度

每年 11 月到次年 6 月都是草莓成熟、大量上市的季节，但露地栽培草莓成熟期多集中在 5、6 月，如中原地区草莓 5 月下旬就陆续成熟上市。通常开花至成熟的天数为 30 天左右。草莓成熟后要及时采收，采收过晚，浆果很容易腐烂，造成不应有的损失。适宜采收的成熟度要根据品种、用途和销售市场的远近等条件综合考虑。一般鲜食以果面着色 80% 以上时采收为宜，但硬肉型品种，如法兰地、甜查里等，以果实接近全红时采收才能达到该品种应有的品质和风味，也并不影响贮运。供加工果酒、果汁、饮料、果酱、果冻的，要求果实全熟时采收，以提高果实的糖分和香味；供制整果罐头的，要求果实大小一致，在八成熟时采收；远运的果实在七八成熟时采收；就近销售时在全熟时采

147

收，但不能过熟。

2. 品种及其耐藏性

由于我国地域辽阔，草莓又是草本果树，所以，生产中栽培的草莓品种种类繁多，更替也很快。栽培量较大的品种有：明旭草莓、明晶草莓、春旭草莓（适宜设施促成栽培）、红颜、章姬、硕丰草莓（晚熟品种）等，其中，硕丰、明晶、星都1号、金樱1号、石莓9号果实硬度较大，果皮韧性强，较耐储藏运输。戈雷拉、女峰、丽红、硕蜜、绿色种子、鸭嘴、鸡心、紫晶、红衣等品种也较耐储藏。

3. 贮运中易出现的问题

因为草莓为聚合果，无保护外皮，果肉柔软，容易挤压受损，病原菌易侵染，导致腐烂变质。草莓果实的成熟时间不一致，为保证及时采收，避免因过熟腐烂殃及其他果实，必须每天或隔天采摘一次，采尽成熟果。

4. 贮运病害及其防控

草莓贮运期的最主要病害是灰霉病。减少病害发生的前提是生产耐贮运、无机械损伤的优质果。为此，除了栽培优质耐藏品种外，采收运输时应选用适宜的包装，边采边将伤果、烂果、病虫果、畸形果、过熟果剔除，然后按大小进行分级采收。入库前储藏场所消毒、采后快速预冷、控制适宜的贮运温度、采用臭氧熏蒸处理等，是防控灰霉病的综合措施。

（二）可参照储藏条件

温度（品温）：$-0.5 \sim 0.5℃$；

相对湿度：$85\% \sim 90\%$；

气体成分：$O_2\ 3\% \sim 5\%$，$CO_2\ 10\% \sim 15\%$。

（三）贮运方式选择

常温下草莓的贮运时间极短，通常仅 1～2 天。草莓采后不宜进行较长时间的储藏，不过可以将采后的草莓临时存放，集中或陆续运往销售地，或在运输前进行预冷处理，上述过程都需要冷藏条件。高浓度二氧化碳气调包装贮运，可有效控制果实的软化和腐烂，防止灰霉病的发病。近年来研究认为 1-MCP 处理对草莓保鲜有一定效果，可进一步试验。

（四）预冷装置及冰温库储藏温湿度的控制要求

压差预冷、真空预冷和冷库预冷均是国内草莓主要的预冷方式，压差预冷可在 6h 之内、真空预冷可在 40min 之内将产品的温度降至 1℃ 左右，冷库预冷降至同样温度通常需要 20h，所以，应优先使用压差预冷，通过预冷间湿度调节，控制产品失水率在 2.5% 以下；采用冰温库储藏的最大优点是：在整个储藏期可始终保持库温在设定温度 ±0.4℃ 的范围内，蒸发器融霜期间对库温的波动影响很小。

（五）储藏简明工艺流程

冷藏工艺流程：

冷库及包装物清洁、消毒→冷库提前降温→八成成熟度（果面着色 80% 以上）→精细挑选采收（注意不要在雨中或雨后马上进行采收）和分级→放入预冷托盘箱内或装入小纸盒或塑料小盒→尽量采用单层果实排列包装→压差、真空或冷库预冷（挑选后宜在 2h 内进入预冷状态）。

预冷后的果实（预冷托盘箱内或小纸盒或塑料小盒内，一般预冷至 3℃ 左右）→进入冷库，待果温达到 0℃ 后→外套0.05mm 聚乙烯袋内紧扎袋口→严格控制冷库温度为 -0.7～

0℃，使果实处于近冰点温度下→适时出库（草莓耐藏品种冷藏时一般不超过 20 天）。

运输保鲜工艺流程：

草莓必须在采后严格预冷和包装，否则会因摩擦、挤压和震动引起果实损伤，不适宜远距离运输。

异地运输销售时，可用草莓专用托盘箱或用带通气孔的吸塑包装盒包装，吸塑包装盒再放置在外包装箱内，预冷至品温 5℃以下后，加冰用覆盖保温法或冷藏车运输，运输温度 2～5℃。

第八章　核果类水果保鲜实用操作技术

一、桃储藏保鲜实用操作技术

桃属温带水果，除黑龙江省外，在我国南北方均有栽培，但主要经济栽培地区在华北、华东各省。

2013 年，全国种植面积约 74.6 万 hm^2，产量约 1 143 万 t。

（一）桃储藏特性

桃属于核果类呼吸跃变型水果，个别晚熟品种能短期储藏，生产中储藏很少。桃果皮的保护性差，易造成机械损伤；桃成熟期处于一年中的高温炎热夏季，采后后熟进程很快，采后常温下 2～3 天，果实即变软；乙烯可显著加速桃的成熟与衰老。

1. 成熟期和成熟度

多数桃品种在 6—8 月成熟，北京晚 24 号桃（晚艳）9 月上中旬成熟，个别品种如山东青州冬雪蜜桃在 10 月中下旬成熟。晚熟和极晚熟品种可储藏 1.5 个月，早熟和中熟品种一般不作储藏；拟长期储藏的桃应在八成熟采收。八成熟的大久保桃的果面底色为白色略转淡黄色，阳面泛红。

2. 品种及其耐藏性

桃品种间耐藏性差异很大。南方水蜜桃类耐藏性差，不宜较长时间储藏；北方晚熟硬肉桃品种如青州蜜桃、陕西冬桃、辽宁雪桃、肥城桃、河北晚香桃等较耐贮运。大久保和艳红（绿化 9 号）耐藏性也较好。

尽管目前有部分合作社或农户有储藏桃的愿望，但是储藏时间超过 2 个月，即使外观良好，但风味品质也会显著降低。

3. 贮运期不同品种易出现的问题

低温下储藏时间长时容易产生冷害，症状是果肉产生不同程度的絮状或硬化、褐变，风味明显丧失。低温冷藏最大难题就是由冷害引起的风味丧失问题，几乎所有的桃品种储藏期内都有一个风味突然丧失期，如大久保一般推荐冷藏期为 40 天，储藏时间长就会出现"有形无质"的情况。

桃在推荐的 −0.5 ~ 0.5℃ 下储藏，实际是在冷害温度下储藏。大久保桃在 −0.5 ~ 0.5℃ 储藏 1.5 ~ 2 个月，外观虽然无冷害症状，但有时在出库后的常温货架上数天仍保持硬而发忍的状态，这种现象就是冷害症状的一种表现，叫无法正常成熟。

中华寿桃储藏期间果肉很容易发生褐变，一般采收成熟度越高褐变越严重。所以，拟储藏的中华寿桃应在果核边沿发红变黏前采收，可一定程度减少果肉褐变率。

储藏期随着果实成熟衰老，果肉硬度急速降低，发生腐烂，温度高时衰老变化更加明显。

4. 储藏中病害及其防控

桃储藏过程中最主要的病原性病害是褐腐病和青绿霉病。良好的果园管理、精细采收分级和处理、减免机械伤、入库前储藏场所消毒、控制适宜的储藏温度、控制乙烯的生成和作用，是防控病原性病害的最重要措施。桃生理病害主要是：低温下储藏时间长时，容易产生果肉变糠、褐变以及风味明显丧失。减低生理病害的方法是：①适当缩短冷藏时间；②尽可能采用恒定的低温或冰温库储藏，库温度变动幅度不大于 0.5℃；③入库初期在 6 ~ 8℃ 的温度下储藏 1 周后，再将温度降至 −0.5 ~ 0.5℃ 储藏。

（二） 可参照储藏条件

果实温度（品温）：$-0.5 \sim 0.5℃$；

环境相对湿度：$90\% \sim 95\%$；

气体成分：$O_2 \ 4\% \sim 6\%$，$CO_2 \ 2\% \sim 4\%$。

（三） 储藏场所和方式选择

由于桃储藏难度大，简易储藏场所不宜调控温度，所以桃不能在简易储藏场所内储藏。

机械冷库储藏。机械冷库加简易气调储藏即塑料薄膜袋包装冷藏，是我国目前储藏桃中应用最普遍的一种方式。采后按降温程序迅速降温，即首先预冷至品温 $6 \sim 8℃$，并维持 $5 \sim 7$ 天，然后将品温降至 $0℃$。在 $-0.5 \sim 0.5℃$ 的冷藏条件下，晚熟和极晚熟桃的储藏期一般为 $4 \sim 8$ 周。采用冰温储藏，储藏期会进一步延长，品质的保持也会提高。

（四） 小微型冷库温度、湿度的调控

1. 温度设定和融霜操作

小型或微型冷库一般采用氟利昂制冷机组，温度的设置是通过温控仪人工设置。以 $-50/100℃$ "小精灵" 温控仪操作为例，如储藏温度为 $-0.5 \sim 0.5℃$，应设置 $-0.5℃$，幅差值 $1℃$，设备即在 $-0.5 \sim 0.5℃$ 区间运行。温控仪上具有融霜时间设置功能，一般融霜时间设置 $25 \sim 30\text{min}$，融霜间隔的设置原则是：桃入库初期间隔短（$10 \sim 20\text{h}$ 融霜 1 次），温度稳定后间隔时间加长（几天至十几天），冬季制冷机运行少时融霜间隔会更长。准确的融霜间隔必须根据人为观察蒸发器的结霜情况而定，当蒸发器上有白色霜层但是没有明显阻挡出风时即应除霜。所以，应根据使用阶段及时调整融霜时间，方可达到及时融霜又不出现无霜

或少霜频繁加热导致库温波动的目的。

2. 湿度保障措施

冷库内相对湿度低于75%时，可以通过地面洒水或加湿器加湿的方式提高湿度，但是，地面不能因洒水出现"明水"聚积。产品相对湿度的保证主要靠冷库设计时适当增加制冷系统的蒸发面积、控制好果实预冷终点温度、库温恒定和塑料薄膜袋包装等方式来解决。

（五）桃储藏简明工艺流程

简明工艺流程：

树体喷钙→冷库及包装物清洁、消毒→冷库提前降温→80%成熟时带柄精细采收→装入透湿气调保鲜袋→预冷至品温 6～8℃，并维持5～7天→将温度降至0℃→放入乙烯吸收剂并扎袋口→品温 -0.5～0.5℃下储藏→严格调控减少库温波动→适时出库销售（不要超过1.5个月，否则风味明显降低，口感变差）。

工艺流程注释：

1. 叶面喷钙

在桃果膨大期前一周进行，每7天用0.3%氯化钙水溶液叶面喷施1次，喷2～3次。叶面喷钙的效果与多种因素有关，仅喷施1次多数情况下效果不太明显。

2. 冷库及包装物清洁、消毒

常用的消毒杀菌方式有：①果蔬库房消毒烟雾剂进行熏蒸；②4%的漂白粉溶液进行喷洒消毒或用0.5%～0.7%的过氧乙酸溶液进行喷洒消毒；③臭氧发生器消毒，一般每100m³配置5g/h产量的臭氧发生器，库内臭氧浓度达10μl/L左右。

3. 冷库提前降温

果实入库前2天开启制冷机，将库温降至5℃。

4. 八成熟时带柄精细采收

成熟度应掌握好，果实必须带柄，采收、装箱、运输过程中一定要精细，因为桃很易造成机械伤。

5. 装入透湿气调保鲜袋

透湿气调保鲜袋为厚度为 0.025 ~ 0.03mm 厚聚氯乙烯透湿袋，使用时采用胶带辅助粘好袋口。每袋装量 5 ~ 7kg。

6. 预冷至品温 6 ~ 8℃，并维持 1 周

敞开袋口快速降温至果实温度为 6 ~ 8℃后免口，持续 7 天后，再将温度降至 0℃。此方法会缩短一些储藏时间，但是储藏结束后风味相对较好。

7. 放入乙烯吸收剂并扎袋口

乙烯吸收剂可以自制，也有成品可购买。主要成分是吸收饱和高锰酸钾溶液的多孔性载体。如采用活化沸石吸收饱和高锰酸钾溶液制作，储藏 5 ~ 7kg 桃放置乙烯吸收剂 10g，将保鲜剂封闭在透气的防水小袋内，放置在桃储藏内包装中。

8. 严格调控减低库温波动

有条件时，应建造或采用精准控温冷藏库。

9. 适时出库销售

耐藏品种储藏期不超过 1.5 个月，否则风味明显降低，口感明显变差。出库之前果温需缓慢回升，以免果面结露凝水，减少货架寿命。

二、李子储藏保鲜实用操作技术

李子属温带水果，我国南方和北方都有栽培。主要产地有：广东翁源、信宜，广西壮族自治区全州、凌云，福建永泰，重庆

万州区，贵州安顺，北京密云，陕西大荔，辽宁盖州，河北晋州等地。

2013 年，全国种植面积约 39.2 万 hm^2，产量约 196 万 t。

（一）李子储藏特性

李子属于核果类呼吸跃变型水果，个别晚熟品种能短期储藏，生产中储藏量小；李子成熟期处于一年中的高温炎热夏季，采后后熟进程很快，采后常温下 3~5 天，果实即变软。相对于桃、杏而言，李子耐贮性要好一些；乙烯可显著加速李子的成熟与衰老。

1. 成熟期和成熟度

多数李子品种在 6—8 月成熟，个别李子品种如极晚熟大果红色—仲秋红李，在山东枣庄 9 月上中旬果实成熟；美国黑布朗李子、安哥诺李的成熟期也较晚。安哥诺李在辽宁盖州 9 月下旬成熟，在北京延庆县 10 月上旬采收。

晚熟和极晚熟品种可储藏 1.5~3 个月，早熟和中熟品种一般不做储藏。判断果实采收成熟度不能仅靠某一项单因子依据，应综合观察果皮及果肉颜色、果实硬度和固酸比、果柄脱落难易程度等各因素的变化，可比较准确地确定其可采成熟度。采收成熟度应是果实充分长大，果粉形成，出现品种的固有色泽，果实芳香但果肉仍处于致密的硬熟期。如紫色品种应果皮浓紫，果肉深红；黄色品种果皮黄色，向阳处淡紫红，果粉白色，果肉黄色；绿色品种果皮黄绿色，果肉淡黄色。拟长期储藏的李子应在八成成熟度采收，果实成熟不一致时，应分批采收或采后进行分级。采取采后分级时，应将八成成熟度（中等成熟度）的李子作为重点储藏对象，储藏期可比成熟度过低或过高的适当延长。

2. 品种及其耐藏性

李子品种间耐藏性差异很大。一般来说，中、晚熟品种比早熟品种耐贮。各地的优良耐贮品种有绥李三号、龙园秋李、九台晚李、秋李、香蕉李、绥棱红、晚李、玉皇李、大接李、美丽李、奈李、油奈、三华李、青脆李、神农李、桃形李、玫瑰李、江安李、酥李、胭脂李、鸡麻李、大蜜李、芙蓉李、黑宝石、安哥诺、理查德早生、秋姬、幸运等。其中安哥诺李被认为是目前最耐储藏的晚熟品种之一。

3. 贮运期易出现的问题

果肉褐变是李子低温贮运保鲜中出现的一个重要难题，对果实品质的影响极大。李子皮薄、肉软、汁多，贮运易受机械损伤，长期低温储藏容易发生褐心病，贮温高又容易腐烂变质；李子在低温下长期储藏的最大障碍也是低温冷害问题，症状是果肉产生不同程度的褐变和质地变差、风味明显变淡。

4. 储藏中病害及其防控

采后李子主要侵染性病害有褐腐、根霉病、青绿霉病等。良好的果园管理、精细采收分级和处理以减免机械伤、入库前储藏场所消毒、控制适宜的贮运温度、控制乙烯的生成和作用，是防控病原性病害的最主要措施。

生理病害主要是：低温下储藏时间长时容易产生果肉变褐、质地变差、风味明显丧失。减低生理病害的方法是：①适当缩短冷藏时间；②采用尽可能恒定的低温。③不宜储藏在 4 ~ 5℃这样的"冷害中间温度"下。

（二）可参照储藏条件

果实温度（品温）：北方李子 -1 ~ 0℃；南方李子 1 ~ 2℃（参考值）；

环境相对湿度：85% ~ 95%；

气体成分：O_2 3% ~ 5%，CO_2 4% ~ 5%。

（三）储藏场所和方式选择

由于李子储藏难度较大，简易储藏场所不易调控温度，所以李子不宜在简易储藏场所内储藏。

机械冷库储藏。机械冷库结合简易气调储藏加脱乙烯和防腐措施，即塑料薄膜袋包装冷藏结合防腐保鲜剂应用，是我国目前储藏李子应用最普遍的一种方式。在冷藏条件下，晚熟和极晚熟李子的储藏期一般为 2 个月左右。低温冷藏时间不宜太长的最大障碍是由冷害引起的果肉褐变和风味变淡问题。多数品种冷藏时间超过 7 周，果肉就开始显现不同程度的褐变。储藏时间太长就会出现"有形无质"或货架寿命极短的情况。

（四）小微型冷库温度、湿度的调控

1. 温度设定和融霜操作

小型或微型冷库一般采用氟利昂制冷机组，温度的设置是通过温控仪人工设置。以 −50/100℃ "小精灵"温控仪操作为例，如李子的储藏温度为 −0.5～0.5℃，应设置 −0.5℃，幅差值 1℃，设备即在 −0.5～0.5℃ 区间运行。温控仪上具有融霜时间设置功能，一般融霜时间设置 25～30min，融霜间隔的设置原则是：李子入库初期间隔短（约20h 融霜 1 次），温度稳定后间隔时间加长（几天至十几天），冬季制冷机运行少时融霜间隔会更长。准确的融霜间隔必须根据人为观察蒸发器的结霜情况而定，当蒸发器上有白色霜层但是没有明显阻挡出风时即应除霜。所以，应根据使用阶段及时调整融霜时间，方可达到及时融霜又不出现无霜或少霜频繁加热导致库温波动的目的。

2. 湿度保障措施

冷库内相对湿度低于 75% 时，可以通过地面洒水或加湿器加湿的方式提高湿度，但是，地面不能因洒水出现"明水"聚积。产品相对湿度的保证主要靠冷库设计时适当增加制冷系统的蒸发面积、控制好果实预冷终点温度、库温恒定和塑料薄膜袋包装来解决。

（五）李子储藏简明工艺流程

李子储藏简明工艺流程：

树体喷钙→冷库及包装物清洁、消毒→冷库提前降温→八成熟时带柄精细采收→装入透湿气调保鲜袋→装入外包装箱→开袋口预冷→放入乙烯吸收剂并扎袋口→在推荐的温度下储藏→合理堆码或上架→严格调控减低库温波动→适时出库销售（生产中黑布朗李有储藏3个月的，但是口感和果肉色泽差。

工艺流程注释：

1. 树体喷钙

在李子膨大期前一周进行，每7天喷1次0.3%～0.5%氯化钙水溶液，喷2～3次。

2. 冷库及包装物清洁、消毒

常用的消毒杀菌方式有：①果蔬库房消毒烟雾剂进行熏蒸；②4%的漂白粉溶液进行喷洒消毒或用0.5%～0.7%的过氧乙酸溶液进行喷洒消毒；③臭氧发生器消毒，一般每$100m^3$配置5g/h产量的臭氧发生器，库内臭氧浓度达$10\mu l/L$左右。

3. 冷库提前降温

果实入库前2天开启制冷机，将库温降至0℃。

4. 八成熟时带柄精细采收

成熟度应掌握好，果实必须带柄采收，采收、装箱、运输过程中一定要精细。

5. 装入透湿气调保鲜袋

透湿气调保鲜袋为 0.025～0.03mm 厚聚氯乙烯透湿袋，使用时采用胶带辅助粘好袋口。每袋装量 5～7.5kg。

6. 装入外包装箱

外包装箱可以用纸箱或塑料周转箱。

7. 开袋口预冷

翻开袋口，进行预冷降温，直至果温降至0℃。

8. 放入乙烯吸收剂并扎袋口

乙烯吸收剂可以自制，也有成品购买。主要成分是吸收饱和高锰酸钾溶液的多孔性载体。如采用膨胀珍珠岩吸收饱和高锰酸钾溶液自行制作，5～7kg 包装放置乙烯吸收剂 30g 左右，将保鲜剂封闭在透气的无纺布小袋内。购买的高效乙烯吸收剂是采用活化的沸石做载体，吸附饱和高锰酸钾溶液后造粒，高锰酸钾含量可达9%左右。

9. 在推荐的温度下储藏

北方李子 –1～0℃；南方李子 1～2℃；相对湿度85%～95%；$O_2$2%～3%，$CO_2$3%～8%。

本书中所述的"冷害中间温度"，是指明显高于0℃又低于冷害的临界温度，在这样的温度下，李子既处在低于冷害临界温度，又不能显著抑制其代谢活动，所以冷害症状显现得更早和更明显。

10. 合理堆码或上架

塑料周转箱热量交换好，码垛密度可适当大些；纸箱包装时，箱上必须设计足够通气孔，垛间和箱间留有通道和间隙，并考虑纸箱承重，决定堆码的高度。

11. 严格调控减低库温波动

有条件的情况下，建造冰温库，或将普通冷库改造为精准控温库，克服融霜时库温的明显波动。温控器的温度设置幅差不得大于 1℃。

12. 适时出库销售

耐藏品种储藏期不要超过 2 个月，否则风味明显降低，果肉出现褐变。出库之前果温需缓慢回升，以免果面结露凝水，减少货架寿命。

三、樱桃储藏保鲜实用操作技术

樱桃属温带水果，在我国多个省份都有生产，以辽宁、山东、浙江等省栽培面积大。

2013 年，全国种植面积约 10 万 hm^2，产量约 60 万 t。

（一）樱桃储藏特性

樱桃属于核果类无呼吸跃变型水果，也是露地栽培成熟期最早的水果之一。采收后极易过熟、褐变和腐烂，常温下很快失去商品价值。贮运过程中能耐二氧化碳，所以，在运输时应采用高二氧化碳处理，以抑制果品的呼吸强度，保持鲜度。樱桃保鲜的重要标志就是果梗保持新鲜。

1. 成熟期和成熟度

露地栽培樱桃一般 5 月中下旬即可上市，中晚熟品种的上市时间通常在 6 月中下旬至 7 月下旬。采收期应在充分着色但尚未软化时进行。以可溶性固形物含量为参考指标：先锋（15.5% ～17.5%）、拉宾斯（12.5% ～15%）8 成熟时采收；红丰（16.5% ~18.5%）、雷尼（12% ~13.5%）7 成熟时采收。即拟

161

较长时间贮运的果实应在七八成成熟度时采收。

2. 品种及其耐藏性

我国栽培的甜樱桃品种主要为欧美品种，但南方省区仍以中国樱桃为主栽品种。目前，樱桃常见优良品种有拉宾斯、那翁、红蜜、红艳、先锋、斯坦拉、高砂、泰山、佐藤锦、砂蜜豆、宾库、晚黄、晚红、秋鸡心、施密特、天香锦、甜安等。最耐藏的樱桃品种是砂蜜豆、红蜜、红艳、那翁等品种，是大连、烟台等地主要储藏的品种。

此外，红色系品种储藏性一般优于黄色系。对于新引进的品种进行批量储藏前，宜先做储藏试验，不可盲目用来储藏。

3. 贮运期易出现的问题

（1）失水失鲜。樱桃果柄细长容易失水干枯，影响品质和卖相。

（2）过熟衰老。储藏期间因后熟硬度下降进而腐烂。

（3）褐变和异味。货架期间果实色泽加深、特别是冷藏时间较长出库后更加明显，进而褐变。

（4）表面凹陷是影响甜樱桃鲜销品质的主要问题，采后减少机械损伤、钙处理和减压储藏有降低表面凹陷发生率的作用。

4. 储藏中病害及其防控

甜樱桃果实储藏过程中的主要致病菌有链核盘菌、桃炭疽盘长孢菌、链格孢菌和葡萄孢菌。良好的果园管理、精细采收分级和挑选、减免机械伤、入库前储藏场所消毒、控制适宜的储藏温度、使用乙烯作抑制剂或吸附剂、采用气调储藏，是防控病原性病害的最主要措施。

（二）可参考储藏条件

果实温度（品温）： -0.5~0.5℃；

环境相对湿度：90%～95%；

气体成分：O_2 3%～5%，CO_2 10%～20%。

一般来讲，动态气调储藏储藏效果好于静态指标：即5% O_2、20% CO_2 处理10天后改为5% O_2、10% CO_2，一直储藏至结束。

（三）储藏场所和方式选择

低温贮运是樱桃的必需条件，气调储藏特别是高二氧化碳对樱桃的贮运极为有利。在没有标准气调储藏库时，应采用加厚的聚氯乙烯透湿袋，使袋内保持较高的二氧化碳，提高保鲜效果。

气调储藏是大樱桃储藏首选的方式。参考储藏条件为：温度-1～0℃，相对湿度90%～95%，O_2 2.5%，CO_2 10%。宾库樱桃贮存35天后，仍有80%以上的果梗保持鲜绿色。

（四）樱桃贮运简明工艺流程

冷库储藏流程：

冷库消毒→提前降温→七八成熟果带柄精细采收→快速预冷→品温至0℃，整齐摆放装箱（每箱3～5kg）→外套0.07mm聚氯乙烯透湿袋扎口→理想气体浓度 O_2 5%左右，CO_2 10%～15%→通过调节控温使品温控制在-0.6～0℃，保鲜袋内干爽→适时出库销售（冷库储藏耐藏品种储藏期一般在1.5～2个月）。

北京市农林科学院试验认为，80%成熟的拉宾斯储藏期为50天，货架期1～2天。宾库、甜心的储藏性稍差于拉宾斯，分别为30天和40天。储藏后期果皮易褐变，故应随卖随开袋，以减少氧化变色。

进口樱桃贮运保鲜：

进口到国内的樱桃也叫车厘子，车厘子是樱桃英文 cherry 的音译。进口樱桃通常有两个产季，冬季吃到的一半来自智利、新西兰和澳洲等地；而夏季的进口车厘子一般来自美国。进口樱桃因为已经经历一段时间的冷链运输，所以，一般接货后就进行批发销售，在此期间，果实可储藏于 0～1℃ 的低温下。夏季进口的樱桃，在出冷库后的运输过程中，应采用冷链运输或加冰覆盖简易冷链运输。

智利车厘子每箱装 5kg，按果实大小分为 L 级（单颗果径22～24mm、XL 级（单颗果径 24～26mm）、J 级（单颗果径26～28mm）以及 JJ 级（单颗果径 28～30mm）4 个等级。市面上销售的多是 L 级和 XL 级。

电商冷连流通流程：

冷库消毒→提前降温→8 成熟果早晨带柄精细采收→立即预冷（多孔塑料箱分散浅装预冷 6h 左右。可利用冷库压差预冷，水预冷的效果更好）→品温达 4～6℃→在 8～10℃ 的包装车间将预冷后的樱桃逐个人工挑选装入冷却且内衬 0.03mm PE 塑料袋的泡沫箱内→在樱桃上层铺一层强度大有一定吸水性的缓冲纸→折好塑料袋口→放冰袋（根据外界温度、运输距离和配送时间确定冰袋质量），并用泡沫板将冰袋与果实袋隔开→盖好泡沫箱盖，内部樱桃不能晃动→装入统一的瓦楞纸箱内封口（可印刷标识、品种、重量、储藏要求等）→交快递公司配送，配送时间应在计划范围内。

四、杨梅储藏保鲜实用操作技术

杨梅原产我国浙江，在华东、湖南、广东、福建、广西壮族自治区、贵州等地均有分布，其中，浙江、湖南、广东、福建是较有名的四大主产区。

（一）杨梅储藏特性

杨梅为亚热带水果，其果无外皮包裹，集中上市期又恰逢高温高湿季节，所以耐贮运性极差，故常有"一日味变，二日色变，三日质变"之说。

1. 成熟期和成熟度

杨梅的品种较多、分布区域较广，所以导致其成熟期不尽相同。最早成熟的杨梅可在 4 月上市，而最晚的品种可到 7 月中旬成熟，但集中上市时间是在 6—7 月。成熟度应视采收目的而定，如就地销售不做储藏时，可选择完熟果采收，此时杨梅果实品质最佳；运销外地或做储藏时，可选择 80% ~ 90% 成熟果实采收。杨梅果实成熟度主要通过外观指标（颜色、果形、平均单果重）、风味指标（TSS/TA、TSS、TA）以及出汁率等指标来判断。

2. 品种及其耐贮性

杨梅早熟品种主要有浮宫 1 号、安海软丝杨梅、安海硬丝杨梅、临海早大梅、早荠蜜梅、早色杨梅、光叶杨梅、乌酥杨梅、桐子杨梅等；中熟品种有：荸荠种、丁岙梅、乌梅、大炭梅、深红种、水晶梅、二色杨梅、慈荠等；晚熟品种有东魁、小叶细蒂、大叶细蒂、东方明珠、晚稻杨梅、晚荸杨梅等。目前，我国主栽杨梅品种有荸荠种、东魁、丁岙梅、晚稻杨梅等 4 个品种。耐贮运品种有安海硬丝杨梅、临海早大梅、桐子杨梅、荸荠种、丁岙梅、慈荠、大叶细蒂、东方明珠。

3. 贮运期不同品种易出现的问题

杨梅果实无外果皮包裹，易受机械伤；贮运期间湿度过高，会加重腐烂变质；气调储藏时，CO_2 浓度超过 25%，会引起果实无氧呼吸，导致品质劣变。

4. 贮运期病害及其防控

杨梅果实柔嫩多汁,无外果皮保护,采收时高温高湿,所以采后贮运过程中极易遭受病虫害,引起果实腐烂变质。杨梅贮运期间的虫害主要是果蝇;病害主要由青霉、杨梅轮帚霉、绿色木霉及尖孢镰刀菌等。

防控措施:首先科学的田间栽培管理以保证采收时杨梅的品质是前提;适期精细采收和分级是关键;适宜的低温、控湿、防腐和气调处理是保证。采后低温、控湿、气调以及防腐处理可显著延长杨梅的货架期。

(二) 可参照储藏条件

果实温度(品温):0~1℃;

相对湿度:90%~95%;

气体条件:O_2 4%~8%,CO_2 12%~15%(有待进一步研究)。

(三) 储藏方式选择

低温储藏:机械冷库加自发气调,是我国目前储藏杨梅应用较普遍的一种方式。常用包装膜厚度为0.04mm。也可采用专用的便携式气调保鲜箱,每箱装量约10kg,通过调节气嘴的大小调整适宜的氧和二氧化碳浓度。

在包装方式上,将竹篓筐或塑料箱装载改成0.5~1kg的高度装载不超过3层的小包装,可解决因多量堆放不易通风散热、内外部明显温差而造成的杨梅表面结露。

气调储藏:低温条件下,通过人工气调方式可延长杨梅储藏期至20d以上。常用气调方法有:0.4mm厚塑料袋内冲入85%左右氮气;气调箱内通入15%二氧化碳。

适宜浓度的臭氧间隙处理对减低冷藏杨梅的腐烂损耗有明显

第三部分　主要水果贮运保鲜实用操作技术

作用。

（四）杨梅贮运简明工艺流程

简明工艺流程：

冷库及包装物清洁、消毒→冷库提前降温→适时精细采收选用大小可盛 3～5kg 的浅果篮盛放→挑选分级→包装→快速预冷（最好在采收后 4～6h 达到适宜的贮运温度）→采用气调库、气调箱或简易气调储藏→控制适宜的储藏温度和湿度→根据品种耐藏性适时出库销售（耐藏品种储藏期一般不超过 25 天）。

加足量的用冰泡沫保鲜箱运输保鲜效果明显，运输期为 2 天左右，有冷链保障运输效果更好。在运输过程中要尽量减少杨梅震动，注意通风散热。

工艺流程注释：

1. 冷库及包装物清洁、消毒

常用的消毒杀菌方式有：①果蔬库房消毒烟雾剂进行熏蒸；②4% 的漂白粉溶液进行喷洒消毒或用 0.5%～0.7% 的过氧乙酸溶液进行喷洒消毒；③臭氧发生器消毒，一般每 $100m^3$ 配置 5g/h 产量的臭氧发生器，库内臭氧浓度达 $10\mu l/L$ 左右。

2. 冷库提前降温

果实入库前 2 天开启制冷机，将库温降至 0℃，产品入库后会减低回升幅度。

3. 适时精细采收

用于储藏的果实在八九成熟时即可采后。采收应精细，减免机械伤，三指捏果柄，果实悬于手心中，连柄采下；分批采收，先熟先采，随熟随采。

4. 包装方式

简易包装：采用高 46cm、直径 35cm 的竹笋作容器，在高度

167

3/4 处收口，每箩装 10Kg 左右；冷藏包装：选用聚乙丙烯泡沫箱（内径 45cm×28cm×22cm，厚度 2~2.5cm），箱内按果冰比 1:1 或 1:1.2 比例，先放入冰再放入杨梅，大致都在 5kg 左右；精品包装：主要为小包装、精细包装，视各地情况而定，如余姚在荸荠种杨梅上采用四方有盖塑盒包装，每盒 500g，每 6 盒成 1 手提箱销售，而黄岩则以 10 只东魁杨梅似装鸡蛋一样装入凹穴塑料盒内销售。

5. 根据品种耐藏性适时出库销售

耐藏品种储藏期约 20d。

第九章　热带、亚热带大宗水果保鲜实用操作技术

一、香蕉贮运保鲜实用操作技术

香蕉属热带水果，我国香蕉种植区域集中在北纬30°以内的热带地区，内地香蕉产量大省分别为广东、海南、广西壮族自治区、云南和福建，上述5省的香蕉总产量约占全国总产量的95%以上。

2013年，我国内地香蕉总种植面积约为39.5万hm^2，产量约1 155.8万t。

（一）储藏特性

香蕉为热带水果，喜温怕冷，当贮运温度较长时间低于12～13℃，就会发生冷害。冷害典型症状是果皮变灰暗，严重时变黑。果实遭受冷害后病原菌易侵染，导致腐烂增加，果实不易正常转黄成熟，风味变劣。相反在25℃以上的高温下又易受热害，果实很快成熟变软。

香蕉是典型的呼吸跃变型果实，75%～80%成饱满度采收的香蕉，果皮绿色，果肉硬，此时果实的呼吸强度较低，随着果实的成熟，呼吸强度不断增加，达到高峰时呼吸强度是刚采收时的两三倍甚至更高。随着呼吸强度增加和呼吸跃变出现，果实的色、香、味和硬度发生一系列明显变化，果实从硬开始变软，果皮由绿色逐渐转变为黄色，并逐渐散发出浓郁的香气；随着果实的进一步完熟和衰老，果皮出现褐色斑点，最后全果败坏。因

此，鉴于香蕉极易后熟，贮运需提前采收。

香蕉对内源乙烯和外源乙烯都很敏感，极低浓度的乙烯就会催化香蕉的成熟过程。因此，贮运过程中要严格控制乙烯浓度。

在我国一年四季都有成熟和采收季节，按照采收时期，人们又把香蕉笼统地分为春蕉、夏蕉、秋蕉和冬蕉，其中，秋蕉和夏蕉产量最高。因此，香蕉长期储藏并不十分必要，即便储藏也主要在销售地储藏，相比之下运输保鲜更为重要。

1. 成熟期和成熟度

香蕉不同于其他水果，不能待果实在植株上黄熟时才采收。采收时果实的饱满度越高，采后越容易成熟。根据不同采收季节和贮运时间长短来确定香蕉采收时果实饱满度。生产中确定成熟度最常用的方法有：果实棱角变化确定法和断蕾后的天数。通过棱角的变化观察成熟度时，取果穗中部位置的小果棱角状态为基准。在棱角特别明显时，是七成以下饱满度，果身与棱近于平满时为七成饱满度；果实棱角仍可见，果身已较饱满为八成饱满度；果实棱角模糊，果身圆满为九成饱满度。如果根据断蕾后的天数确定成熟度，一般断蕾 70～80 天即可达到七八成饱满度。

6—10 月采收的香蕉和北运的香蕉宜采收七八成饱满度的果实，10 月以后宜采收七八成饱满度的果实。冬天采收的香蕉，由于气温较低，生长时间较长，虽然表面看起来果实的饱满度不高，但在贮运过程也较容易变软成熟。

一般用于远途运输或出口的香蕉果实应在七成饱满度时采收，国内远途运输的香蕉可在 75%～80% 成饱满度时采收，就近市场供应的香蕉可达九成饱满度时采收。

2. 品种及其耐藏性

香蕉根据植株高矮分为高型蕉、中型蕉、短型蕉（矮型蕉），我国主栽的高型蕉主要有广东的大种高把、高脚、顿地雷、齐尾，广西壮族自治区的高型蕉，台湾、福建和海南省的台湾北蕉；中型蕉有广东的大种矮把、矮脚地雷；短型蕉有广东高州矮香蕉、广西那龙香蕉、福建的天宝蕉、云南河口香蕉。近年引进的主栽品种有威廉斯香蕉、巴西蕉、墨西哥蕉。此外，还有经济价值较高的皇帝蕉。

3. 贮运期间易出现的问题

香蕉贮运期间易出现的主要问题：①采收饱满度高，且贮运温度高时，极易软化成熟，严重影响香蕉的贮运寿命；②外源乙烯对果实成熟影响极大，由于外源乙烯启动内源乙烯的产生，致使果实变软，果皮出现炭疽病症状和软烂；③容易发生冷害和高温伤害，冷害的典型症状是最初果皮内层维管束间断性着色，随后这种着色增大加深，果皮外观变灰暗，严重时变黑。果实遭受冷害后病原菌易侵染，导致腐烂增加，果实不易正常转黄成熟，风味变劣；高温伤害时出现"青皮熟"或果皮变褐。

4. 储藏病害及其防控

香蕉在贮运及销售过程中，可由多种真菌或细菌危害造成腐烂。一些病原菌有潜伏侵染特性，直到果实成熟后才表现危害症，导致果实腐烂。香蕉采后主要病害有炭疽病、镰刀菌冠腐病、黑星病和黑腐病等。其中，炭疽病是香蕉贮运过程中的首要病害。

要采取"预防为主，综合防治"的策略。①首先要控制田间侵染，科学合理施肥，增强树势和抵抗力；②采前喷施杀菌剂和套袋防病；③采收应选择晴天，果实饱满度以七八成的饱满度为宜，采收和采后处理及贮运过程要尽量避免机械损伤；④采后杀菌剂浸泡处理果实，所用杀菌剂应符合食品安全要求；⑤预冷、低温贮运、乙烯吸收剂使用、气调或自发气调等采后技术，可延缓香蕉成熟，延缓炭疽病的发生并减少腐烂。

（二） 可参照储藏条件

绿熟果实温度（品温）：13～14℃；

环境相对湿度：90%～95%；

气体成分：O_2 2%～4%，CO_2 3%～5%。

（三） 储藏场所和方式选择

我国香蕉采收后主要是北运内销，以销往华北、东北和西北地区居多，所以，保鲜的关键环节是流通保鲜，在北方也有进行短期储藏的情况。

由于香蕉采后成熟衰老很快，收获季节产地温度又高，且以运输后异地销售为主，所以采用简易储藏场所贮存香蕉，对抑制其后熟效果很有限。如果在销地拟存放一段时间，应采用控温储藏。

机械冷库。机械冷库可以设定香蕉储藏所要求的适宜温度，因而运至北方的香蕉在销售期间可通过机械冷库进行一段时间的储藏。很多大城市的香蕉批发市场均有专门储藏香蕉的冷库和香蕉催熟库。采用机械冷库储藏香蕉时，应注意的一是谨防冷害，储藏温度通常不低于13℃；二是严格控制乙烯浓度，可通过各种抑制乙烯生成、脱除乙烯和排除乙烯的方法，使储藏环境中的乙烯浓度尽量降低。

气调储藏。气调储藏对延长香蕉的储藏寿命效果十分显著。但是由于我国香蕉产地广阔，品种较多，进行较长时间储藏从实际需求和经济效益上看意义不大。所以，生产中一般不采用气调储藏。可选择适宜的塑料薄膜包装，在冷库内进行简易自发气调储藏，在塑料薄膜包装袋内放置乙烯吸收剂，会延长储藏期。

（四）小微型冷库温度、湿度的调控

1. 温度设定和融霜操作

小型或微型冷库一般采用氟利昂制冷机组，温度的设置是通过温控仪人工设置。以 –50/100℃ "小精灵" 温控仪操作为例，设置储藏温度为 13 ~ 14℃，应设置 13℃，幅差值 1℃，设备即在 13 ~ 14℃区间运行。温控仪上具有融霜时间设置功能，一般融霜时间设置 25 ~ 30min。由于香蕉储藏温度为 13 ~ 14℃，蒸发温度通常高于 0℃，蒸发器通常不明显结霜，所以融霜间隔可设置至最大值。准确的融霜间隔必须根据人为观察蒸发器的结霜情况而定，当蒸发器上有白色霜层但是没有明显阻挡出风时即应除霜。

2. 湿度保障措施

微型库内相对湿度低于 75% 时，可以通过地面洒水或加湿器加湿的方式提高湿度，但是地面不能因洒水出现 "明水" 聚积。产品相对湿度的保证主要靠冷库设计时适当增加制冷系统的蒸发面积、库温恒定和塑料薄膜袋包装来解决。

（五）香蕉贮运简明工艺流程

香蕉冷库贮运和催熟简明工艺流程：

1. 香蕉冷库储藏简明工艺流程

冷库及包装物清洁、消毒→适时精细采收→去轴落梳→用加入含氯消毒剂的清水洗蕉梳→杀菌剂溶液浸泡果实 1min→沥水和吹干果实→蕉冠和蕉梳间包珍珠棉并装箱→包装内放乙烯吸收剂→用抽气机抽出塑料袋内空气并扎口→在适宜温度（13.5℃）和相对湿度（85% ~ 90%）下储藏或运输。

2. 香蕉催熟简明工艺流程

七八成成熟的香蕉→进入专用催熟室→催熟室温度和相对湿度调控→果实升温到计划催熟的温度调节→催熟剂调控→温湿度调控→掌握好催熟时间（普通香蕉通常催熟 6 天，皇帝蕉催熟 4～5 天）→上市销售。

工艺流程注释：

1. 冷库及包装物清洁、消毒

常用的消毒杀菌方式有：①果蔬库房消毒烟雾剂进行熏蒸；②4% 的漂白粉溶液进行喷洒消毒或用 0.5%～0.7% 的过氧乙酸溶液进行喷洒消毒；③臭氧发生器消毒，一般每 100m³ 配置 5g/h 产量的臭氧发生器，库内臭氧浓度达 10μl/L 左右。

2. 适时精细采收

根据贮运时间的长短确定适当的果实采收饱满度，国内远途运输的香蕉果实在 7.5 成饱满度时采收。采收、采后处理及包装运输过程尽量避免机械损伤。

3. 杀菌剂溶液浸泡果实 1～3min

由于香蕉贮运温度要求较高，又容易变软腐烂，且食用时要拨去果皮，所以在贮运前一般要进行杀菌剂溶液浸泡果实，目前常用杀菌剂和使用浓度是 45% 辉丰百克（咪鲜胺）50mL + 扑海因（异菌脲）100mL，对水 60～75kg。

4. 沥水和吹干果实

杀菌剂溶液浸泡处理果实后，最好沥水和吹干果实表面的浮水，否则，在降温不及时的条件下会增加果实的腐烂。

5. 果实装箱

果实装箱时先在纸箱内垫一薄膜袋，高温季节薄膜厚度为 0.02～0.03mm，冬季薄膜厚度为 0.04mm，一般每箱装香蕉

13.5kg，按蕉梳大小，分 3 ~ 4 梳、5 ~ 6 梳、7 ~ 8 梳和切割蕉等。

6. 包装内放乙烯吸收剂

在塑料薄膜袋内放入 10 ~ 20g 沸石—饱和高锰酸钾型乙烯吸收剂，可有效延缓香蕉变软成熟。

7. 用吸尘器抽出塑料袋内空气

抽吸空气的作用是使薄膜紧贴在包装内的香蕉上，起到一定的紧固作用，减少彼此间的摩擦与磕碰，同时可以减少香蕉的呼吸代谢和成熟衰老，该工艺常用于香蕉运输过程中。

8. 适宜温度和相对湿度储藏或运输

为安全起见，香蕉贮运果实温度应在 13.5℃，相对湿度90% ~ 95%。相对湿度高，冷害症状出现温度略有降低。此外，"皇帝蕉"因其特殊的品质必须经过冷库预冷后方可运输，否则品质很难得到保证。

9. 催熟

香蕉催熟是香蕉销售前必须进行的一个步骤。主要调控五个因素：温度、相对湿度、乙烯浓度、二氧化碳浓度（通风）和内循环风。

（1）温度调控。催熟温度控制在 16 ~ 18℃，在此温度下，后熟后香蕉果皮金黄色，果肉结实，货架期长。

（2）相对湿度调控。催熟的前期和中期（大致是进行催熟的前 3 ~ 4 天）为转色期间，要求较高的相对湿度，高湿度下催熟的香蕉果皮色泽鲜艳诱人，应控制相对湿度为 90% ~ 95%；后期（大致是进行催熟的后 2 天）即已经转色后，相对湿度应降低至 80% ~ 85%，有利于延长货架期。

（3）催熟剂调控。国外有采用钢瓶装乙烯催熟，国内多用乙烯利进行催熟，有使用方便、成本相对低的特点。虽然催熟剂浓度高些催熟时间可略缩短，但是果肉易软化，果皮易折断，对货架期也有影响。所以，可采用 500μl/L 的浓度作为基数，根据对催熟出库天数的要求，在 500～1 000μl/L 根据经验调整。普通香蕉一般乙烯浓度控制在 1 000μl/L 以内，皇帝蕉控制在 200～300μl/L。

（4）二氧化碳浓度。催熟库内的二氧化碳浓度必须低于 1%，否则会影响果皮褪绿转黄，严重时会出现青皮熟。降低二氧化碳浓度，主要在蕉身色泽转为 3 号，香蕉呼吸跃变启动，大量释放二氧化碳时开始操作，自动化的通风排气系统是根据库内二氧化碳检测仪检测的信号，通过计算机控制，进行适当地通风换气。

（5）库内循环风。是指将库内所有空间都实现气体交换，达到温度、湿度、乙烯和二氧化碳浓度一致。良好的库内循环风是保证库内果实均匀催熟的必要条件。也是催熟库设计的基本出发点。

（6）催熟时间。正常催熟的时间为 6 天，不同饱满度的青香蕉，可根据情况调整温度和乙烯浓度达到 6 天催熟完成。快速催熟时间为 4 天，通过提高温度和乙烯浓度来达到快速催熟效果。

（7）操作安全。催熟剂采用钢瓶装乙烯时，一定要清楚这是易燃易爆危险品，乙烯在空气中的浓度在 2.7%～37% 体积比之间为爆炸区间，引爆温度 425℃。因此，严禁未经安全培训的人员进入操作控制电器和乙烯气体控制阀件；严禁无钢瓶帽搬动乙烯钢瓶；在催熟房严禁吸烟、动用明火、动用加热装置；催熟房所有电器必须为防爆等级，电器安装人员必须为防爆电器安装资质人员。

注：香蕉成熟度色卡与对应蕉号：1 号蕉，绿色；2 号蕉，绿色略微显黄；3 号蕉，绿黄色（以绿为主）；4 号蕉，黄绿色

（以黄为主）；5 号蕉，顶绿体黄；6 号蕉，全黄；7 号蕉，全黄显斑点（芝麻蕉）。

二、菠萝贮运保鲜实用操作技术

菠萝是著名热带水果之一，国外以泰国、美国、巴西、墨西哥、菲律宾和马来西亚等栽培较多，我国主要分布于广东、海南、广西壮族自治区、福建、云南和台湾等省区。广东是我国第一菠萝生产大省，占全国菠萝总产量的 60% 以上。

2013 年，我国内地菠萝种植面积约 6 万 hm^2，产量约 128.7 万 t。

（一） 储藏特性

菠萝属于无呼吸高峰型水果，也是冷害敏感型水果。因种类和品种不同，菠萝冷害的临界温度，绿熟果实 10 ~ 13℃，完熟果实 7 ~ 10℃。用乙烯或乙烯利处理菠萝可稍微加快果面褪色，但内部品质不受影响。菠萝果实耐贮运性较差，生产中主要是运输保鲜，储藏时间较短。

1. 成熟期和成熟度

果实充分成长至成熟，经历的时间不长，外观可以看到的是果眼由淡绿变浓绿，由突起变扁平，果实硬度变小。"菲律宾"种进一步从果柄开始转橙红色，"卡因种"则从近果柄处开始转黄绿色。菠萝成熟时散发出诱人的芳香，随着成熟而越来越浓，但是如果芳香中夹有酒味，则说明果实已经过熟。菠萝通常有 4 个采收季节：春果 3—5 月成熟；夏果 6—7 月成熟；秋果 10—11 月成熟；冬果 12 月至翌年 1 月成熟。菠萝鲜果大量上市期是春果 3—5 月。

储藏或远销的菠萝，应该选择 80% ~ 85% 成熟度的果实，如"卡因种"的果柄附近已转黄绿色、肉米黄色，酸甜而带有香气，这种成熟度最为理想，在 8~12℃下可贮运约 2 周。

2. 品种及其耐藏性

我国菠萝主栽品种约 80% 是菲律宾种（巴厘种），约 20% 是"沙捞越"种（也称千里花、美国卡因）和传统品种的"神湾种"（台湾种）。

晚熟种"神湾"较耐储藏，中熟种"巴厘种"次之，"沙捞越"的耐贮性差，云南及台湾土种耐藏性较好。从品质和外观来看，上述品种与近年来菠萝鲜果国际市场上的主流品种"金菠萝（Golden Ripe）""MD – 2""台农"系列等比较，竞争优势较弱。

3. 贮运期易出现的问题

"沙捞越"种易发生黑腐病。主要由病菌从果实伤口进入其内部而产生。当病菌从果柄切口或果眼裂口侵入，表面可以见到少数果眼皱缩并变褐色，切开可以见到果肉或果心水渍状、变褐。

"菲律宾"种等易发生黑心病。初发时在果基部的果心两侧出现水渍状斑点，以后斑点颜色变暗、范围变大、变黑；发展严重时，病斑联合一起，使果实大部分果肉褐变。黑心病发生的可能原因有：低温诱导、菠萝果实营养的失调或赤霉素诱导等。

4. 储藏期病害及其防控

黑腐病是菠萝常见的病原性储藏病害，田间也可发生；黑心病则是常见的生理病害。大多数品种在 7℃以下容易遭受冷害，其症状为果色变褐，果肉呈水渍状，味淡，易腐烂，特别是在冷库受冷害移出后易遭受病原菌侵染而腐烂。

开阔地种植且光照充足、自然通风良好的菠萝，一般发病甚少；而周围杂生较多马尾松、桃金娘等植物的山坡地，早晚遮荫，自然通风不良，蜂、蝶等昆虫活动频繁，有利于病菌的传播，发病率较高。

精细采收、精细分级和处理、减免机械伤、入库前储藏场所消毒、控制适宜的储藏温度和相对湿度，是防控菠萝病原性病害最主要的措施。黑心病发病原因复杂，目前还没有良好的防治方法。

（二）可参照储藏条件

果实温度（品温）：完熟果 7 ~ 10℃，绿熟果 10 ~ 13℃；

环境相对湿度：85% ~ 90%；

参考气体成分：O_2 2% ~ 4%，CO_2 5%；生产中一般不进行气调储藏。

（三）储藏场所和方式选择

菠萝耐藏性差，要延长销售期和销售半径，应调控贮运温度。常温储藏，一般储藏期较短，保质期在 10 天之内。据美国夏威夷试验结果，在 7℃时菠萝最长储藏期为 4 周，印度推荐的贮运适温是 8℃，南非则为 8.5℃，相对湿度 85% ~ 95%。所以，菠萝适宜在 7 ~ 10℃下贮运。

（四）小微型冷库温度、湿度的调控

1. 温度设定和融霜操作

农户或专业合作组织建造的小型或微型冷库，一般采用氟利昂制冷机组，温度的设置是通过温控仪人工设置。以 −50/100℃ "小精灵"温控仪操作为例，设置储藏温度为 7 ~ 10℃，应设置 7℃，幅差值 3℃，设备即在 7 ~ 10℃区间运行。蒸发温度通常高于 0℃，蒸发器通常不明显结霜。是否需要融霜应根据人为观察蒸发器的结霜情况而定，当蒸发器上有白色霜层但是没有明显阻挡出风时即应除霜。

2. 湿度保障措施

冷库内相对湿度低于 80% 时，可以通过地面洒水或加湿器加湿的方式提高湿度，但是地面不能因洒水出现"明水"聚积。产品相对湿度的保证主要靠冷库设计时适当增加制冷系统的蒸发面积、库温恒定、微孔膜袋包装来解决。

（五） 菠萝储藏简明工艺流程

1. 冷库储藏简明工艺流程

冷库及包装物清洁、消毒→采前喷施乙烯利促使果实成熟度一致→适时采收（八成熟期精细采收，刀具用高锰酸钾消毒）→切去或保留冠芽→严格挑选→包装筐（或箱）内衬微膜袋→装筐（或箱）降温→微膜袋折口封闭→合理堆码→控制适宜温度和相对湿度→适时出库销售（晚熟品种冷库储藏期一般不超过 25 天）。

2. 简易储藏场所储藏简明工艺流程

采前喷施乙烯使果实成熟度一致→适时人工采收（八成熟期精细采收，刀具用高锰酸钾消毒）→切去或保留冠芽→加明矾和含氯消毒液的清水清洗→液体保鲜剂杀菌→分格立式摆放的纸箱或包纸套网套卧式摆放的塑料筐包装→装冷藏车（设定温度 13℃，通风口 30%）运输，或冷库临时储藏（温度 13℃，2天后根据果实成熟度状况下调库温，但不可低于 7 度）→尽快销售（常温储藏期约 7 天以内）。

三、荔枝储藏保鲜实用操作技术

荔枝属亚热带水果，原产于我国南部。主要分布在我国广东、广西壮族自治区、福建、海南、云南、四川和台湾等省。

2013 年，全国内地荔枝种植面积 54.6 万 hm^2，产量约 190.7 万 t。

（一）　储藏特性

荔枝果实成熟衰老过程中无明显呼吸高峰，但是呼吸强度高，采后品质劣变很快，为储藏期短、保鲜难度大的水果种类。采后贮运过程中极易发生果皮褐变、风味劣变和腐烂，通常采后在常温下 24h，就开始发生不同程度的褐变，2~3 天失去诱人的色泽，固有特殊风味丧失。所以，果皮褐变和风味劣变是影响商品性的首要问题。干燥环境和果皮失水率超过 5% 以上、机械损伤以及低温冷害等会加速荔枝的褐变。

1. 成熟期和成熟度

荔枝的采收期因品种而异，一般可从 5 月初持续至 8 月中旬。4 月下旬至 6 月上旬，海南的三月红、白糖罂、妃子笑、无核荔；5 月上旬至 8 月上旬，广东的三月红、白糖罂、妃子笑、黑叶、桂味、鸡嘴荔、糯米糍；5 月下旬至 8 月中旬，福建的妃子笑、黑叶、兰竹、桂味、糯米糍、状元红；5 月下旬至 8 月上旬，云南、四川、贵州、重庆的大红袍、楠木叶、妃子笑等。桂味在四川泸州的成熟期在 8 月中下旬，为采收最晚的品种和地域之一。

广东省的茂名和湛江等市在 4 月底 5 月上旬有早熟荔枝"三月红""黑叶"上市，5 月中下旬为主要荔枝"黑叶""白腊"等中熟品种上市期，6 月上中旬则为"白糖罂""妃子笑""糯米糍""桂味"上市期；珠三角地区主要荔枝产品上市期则集中在 6 月，而怀枝等迟熟荔枝的上市期则可至 7 月上中旬。而福建荔枝枝产期，早、中、晚熟时间一般以 7 月 1 日以前成熟的为早熟，7 月 20 日后成熟的为晚熟，两者之间成熟的即为中熟来划分的。早红为主栽早熟为品种，品种，兰竹为主栽的中熟品种约占85%，以东刘1号、元红为晚熟品种。

拟贮运的荔枝应采收晚熟品种，在八成熟时采收，此时的荔枝果皮基本转色，龟裂纹带嫩绿色或黄绿色，内果皮仍为白色，但可在近蒂处的内果皮有转红迹象。果肉的糖酸也比可作为成熟度标准的参数。

2. 品种及其耐藏性

荔枝主要栽培品种为淮枝、桂味、糯米糍、黑叶和妃子笑等。一般而言，果皮较厚、果肉较硬且呼吸强度较低的品种，抗病性和耐藏性较好。适宜的储藏条件下，黑叶、妃子笑、桂味和尚书怀等品种较耐贮运，可储藏30天左右；白蜡、白糖罂次之，储藏期在30天以下；三月红、糯米糍等不耐贮运，仅能储藏15～20天。妃子笑是一个在适食阶段果皮仍为绿色的荔枝品种。

3. 贮运期易出现的问题

荔枝果实采后果皮极易褐变，果肉易变软腐败。因此，护色和防腐是荔枝采后贮运的技术关键。荔枝长期储藏保鲜的较少，这是因为即使是在冷藏条件下储藏耐藏品种，辅以护色防腐处理技术，荔枝储藏期如超过1.5个月时，风味也会明显丧失。所以，批量商业性储藏时，一般储藏期在1个月内，以留出一定的流通和销售时间。气调储藏对荔枝有一定的效果，但是不同品种差异较大，目前气体指标参数还很不完善。

4. 储藏中病害及其防控

荔枝储藏过程中最主要的病原性病害是疫霉病、炭疽病和酸腐病。良好的果园管理、精细采收、精细分级和处理、减免机械伤、入库前储藏场所消毒、及时快速预冷、控制适宜的储藏温度、防腐保鲜剂的使用，是防控病原性病害的最主要的措施。接近0℃的温度下贮运，荔枝也会遭受冷害，其直接后果是果皮快速褐变。

（二）　可参照储藏条件

果实温度（品温）：1～3℃；

环境相对湿度：90%～95%；

气体成分：O_2 5%，CO_2 3%～5%（参考）；荔枝商业性气调储藏很少；MA 储藏可较好地保持鲜度，延缓果皮褐变。

（三）　储藏场所和方式选择

由于荔枝储藏难度较大，简易储藏场所不宜调控温度，所以，荔枝不宜在简易储藏场所内储藏。

机械冷库储藏。机械冷库加简易气调储藏结合防腐护色剂的应用，是我国目前储藏荔枝应用最普遍的一种方式。仅有冷库提供恒定的低温还不够，荔枝采收后还必须尽快预冷，目前生产上多采用冰水预冷方式。液体保鲜剂浸泡是荔枝防腐护色的主要方式，但是任何采用非法添加物处理的方式都会危及人体健康，是绝不允许的。

（四）　小微型冷库温度、湿度的调控

1. 温度设定和融霜操作

小型或微型冷库一般采用氟利昂制冷机组，温度的设置是通过温控仪人工设置。以 -50/100℃ "小精灵" 温控仪操作为例，设置荔枝储藏温度为 3～4℃，应设置 3℃，幅差值 1℃，设备即在 3～4℃区间运行。温控仪上具有融霜时间设置功能，一般融霜时间设置 25～30min，融霜间隔的设置原则是：荔枝入库初期间隔短（约20h融霜1次），温度稳定后间隔时间加长（几天至十几天），冬季制冷机运行少时融霜间隔会更长。准确的融霜间隔必须根据人为观察蒸发器的结霜情况而定，当蒸发器上有白色

霜层但是没有明显阻挡出风时即应除霜。所以，应根据使用阶段及时调整融霜时间，方可达到及时融霜又不出现无霜或少霜频繁加热导致库温波动的目的。

2. 湿度保障措施

冷库内相对湿度低于 75% 时，可以通过地面洒水或加湿器加湿的方式提高湿度，但是地面不能因洒水出现"明水"聚积。产品相对湿度的保证主要靠冷库设计时适当增加制冷系统的蒸发面积、控制好果实预冷终点温度、库温恒定和塑料薄膜袋包装来解决。

（五）荔枝贮运简明工艺流程

荔枝储藏简明工艺流程：

冷库及包装物清洁、消毒→冷库提前降温→适时精细采收→冷水预冷结合防腐处理→用 0.03mm 聚乙烯薄膜袋包装→放入外包装箱内进行再降温平衡→控制适宜的储藏温度和相对湿度→根据品种耐藏性适时出库销售。

工艺流程注释：

1. 冷库及包装物清洁、消毒

常用的消毒杀菌方式有：①果蔬库房消毒烟雾剂进行熏蒸；②4% 的漂白粉溶液进行喷洒消毒或用 0.5% ~ 0.7% 的过氧乙酸溶液进行喷洒消毒；③臭氧发生器消毒，一般每 100m³ 配置 5g/h 产量的臭氧发生器，库内臭氧浓度达 10μl/L 左右。

2. 冷库提前降温

果实入库前 2 天开启制冷机，将库温降至 0℃，产品入库后会减低回升幅度。

3. 适时精细采收

拟贮运的荔枝应采收晚熟品种，在八成熟时采收。可根据生长日期、果型、色泽和糖酸比等多项因子综合确定。出口荔枝推荐的采收方式是：分批从树上带柄采摘单果，采收时切勿损伤果蒂，尽量减少机械伤。

4. 冷水预冷结合防腐处理

采用冷水机组或加冰的方式制作 5℃ 的冷水，加保鲜剂预冷防腐处理。生产中有用 500mg/L 施保克作为防腐剂进行处理。

5. 放入外包装箱内进行再降温平衡

用 0.03mm 聚乙烯薄膜袋免口包装荔枝，使荔枝的储藏温度稳定在 1~3℃，每箱装量在 10kg 以内。

6. 控制适宜的储藏温度和相对湿度

通过调控库温，使果实温度在 1~3℃，袋内相对湿度一般可以达到 90%~95%。

7. 根据品种耐藏性适时出库销售

荔枝最耐藏品种冷藏条件下，储藏期不宜超过 40 天。

荔枝运输保鲜：

国内荔枝产地运输保鲜的具体做法是：对远距离运输的荔枝，分批单果采摘或成串采摘，成串采摘时可带有数量有限的鲜叶，应采用 4~8℃ 的冷水漂洗降温后，再在加保鲜剂的同样温度的冰水中浸泡 3~5min，装入泡沫箱加冰瓶保温，覆盖保温被汽车运输。

大泡沫箱的规格通常是 600mm×450mm×300mm，装果量约 20kg；中泡沫箱的规格通常是 510mm×350mm×300mm，装果量 15kg；小泡沫箱的规格通常是 510mm×300mm×260mm，装果量 10kg。采用大泡沫箱或中泡沫箱综合运输成本相对较低。

以 5t 加长东风车为例：每车可装大约箱 300 个，装量 6 000kg；每箱需要 1.2L 冻冰瓶 2 个，每车约需 600 个冰瓶，冰瓶合计重量 720kg；采用冰块降温制得冷水预冷 6 000kg 鲜荔枝，可按荔枝：冰为（7~8）：1 的重量比例准备冰块，约需准备850kg 冰块。上述冷却加冰量和运输加冰量在对要求运输期稍长、质量要求较高的情况下，显得均偏少，最少加冰量按果实：冰为4：1~3：1 计算，方可达到较好的效果。

荔枝采后如果没有进行冰水或冷库预冷，果实带有大量的田间热，加上果实本身旺盛的呼吸作用，上述加冰量还要提高，一般果实重量与冰的比率为 2：1，这样就大大增加了单位果实的运输成本，所以，要产地预冷。

预冷后的荔枝装箱密先在泡沫箱的对角各竖放一个冰瓶，将预冷沥水后的荔枝 20kg 放入泡沫箱内，盖好盖口，用胶带密封。装车运输时先在车厢底部垫一层棉被，将泡沫箱与车厢边平行摆放，箱口朝上，然后在车厢四周和箱顶填铺棉被。整个过程应仔细操作，轻拿轻放，从采果至装好果要在 4~6h 内完成。

四、龙眼储藏保鲜实用操作技术

龙眼，又名桂圆，原产于我国南部及西南部，现主要分布于广东、广西壮族自治区、福建、海南、台湾等省。此外，四川、重庆、云南和贵州等省（市）也有小规模栽培。

2013 年，全国内地产量约 152.6 万 t。

（一）储藏特性

龙眼果实成熟衰老过程中无明显呼吸高峰，虽然没有明显的呼吸高峰，但是呼吸强度很大，因成熟于高温季节，含糖量高，采后生理代谢旺盛；果皮蜡质少，石细胞间隙多，因而失水快；乙烯释放量低且对乙烯不敏感；常温条件下极难储藏，1~2 天内果皮就开始褐变，一周左右果皮变褐并腐烂变质，但是熏硫处理的龙眼货架寿命可延长至 5 天以上。

1. 成熟期和成熟度

龙眼的成熟期一般在7—9月。储良龙眼在广东茂名7月底至8月上旬成熟，珠江三角洲8月中下旬成熟；福眼在福建泉州8月中下旬至9月上旬成熟；乌龙岭在福建仙游9月上旬成熟；水南1号在福建莆田9月中下旬成熟；石硖龙眼在广西南宁7月中旬开始采收，8月上旬采收完毕；大乌圆在广西8月中旬成熟；中秋1号在广西藤县9月中下旬成熟。

当果实生青味消失、果皮由青色转为淡褐色或黄褐色、果皮变薄而平滑、果皮上的绒毛基本脱落、果实柔软而富有弹性时即可采收。拟储藏的龙眼应在八九成成熟度采收。供储藏用的龙眼果实多采用整穗采收储藏，以提高果实的耐贮性。采果时一般在果穗基部3~6cm处剪断。

2. 品种及其耐藏性

我国龙眼品种资源丰富，据不完全统计，约有300个龙眼品种（品系）。其中，广东省主要种植石硖、储良、古山二号3个龙眼品种，占广东省龙眼总产量90%以上；福建省主要种植福眼、东壁、油潭本、乌龙岭、普明庵、凤梨味、赤壳、水涨等龙眼品种；广西主要种植石硖、储良、广眼和大乌圆4个龙眼品种。

不同品种龙眼果实的储藏性不同。通常含水量低、含糖量高、果皮厚的龙眼品种较耐储藏，而含水量高、含糖量低、果皮薄的品种不耐储藏。如东壁、乌龙岭、石硖、凤梨味龙眼耐储藏，而福眼、水涨、储良龙眼不耐储藏。因此，选择含水量低、含糖量高、果皮厚的耐储藏龙眼品种，是龙眼采后处理首先要考虑的关键技术环节。

3. 贮运期易出现的问题

果皮褐变、果肉自溶和果实腐烂是龙眼果实采后常见的品质劣变现象，严重影响其食用品质和商品价值，是限制龙眼储藏和远距离运销的主要因素。不同品种的龙眼贮运期出现的品质劣变现象不同，通常不耐储藏的龙眼品种（如福眼龙眼）采后极易产生果皮褐变、果肉自溶和果实腐烂；而较耐储藏的龙眼品种（如东壁龙眼）采后不容易产生果皮褐变、果肉自溶和果实腐烂。龙眼的腐败变质多从果实内部开始，即由龙眼本身酶的作用产生自溶现象，破坏了果肉表面保护膜，使高糖果汁外溢，引起各种微生物滋生，从而加速整个果肉腐败，其腐烂进程是：果肉流汁→蒂周腐烂→果肉全部腐烂→整果腐烂长霉。

4. 贮运期病害及其防控

龙眼果实采后病害主要是由地霉属引起的酸腐病和球二孢属引起的蒂腐病或黑腐病。酸腐病主要危害成熟果实或虫害果，果实蒂部首先发病，病状呈褐色不规则小斑，以后逐渐扩大至全果变褐腐烂，果肉腐败酸臭，果皮硬化，转为暗褐色，流出酸汁，病部长出白色霉层。龙眼果实采后腐烂与采前病原真菌的潜伏侵染有关，采后储藏期真菌病害主要由龙眼拟茎点霉、龙眼毛色二孢等病原真菌的潜伏侵染引起。乌龙岭、信代本、大乌圆等品种抗病性较好。

在低温储藏期间，龙眼果肉自溶腐烂通常发生在储藏的中后期，是影响龙眼储藏寿命的最主要因素。龙眼果实储藏的生理性病害主要是冷害，其症状是果皮褐变，出现水渍状斑块。

因此，良好的果园管理、精细采收、精细分级和处理、减免机械伤、入库前储藏场所消毒、控制适宜的储藏温度、防腐处理，是防控病原性病害的综合措施。

（二）可参照储藏条件

果实温度（品温）：2~4℃；（东壁龙眼2℃，石硖龙眼4℃，福眼龙眼、泉州本3~4℃）；

相对湿度：90% ~ 95%；

气体成分：O_2 6% ~ 8%，CO_2 4% ~ 6%。生产中一般不进行气调储藏。

（三）储藏场所和方式选择

简易储藏场所。通过使用保鲜剂在常温下可延长龙眼的保鲜期，但是储藏时间也仅在7天左右，只能缓解临时周转问题。

机械冷库储藏。机械冷库加自发气调结合保鲜剂防腐处理，是我国目前储藏龙眼中应用较普遍的一种方式。即保鲜剂处理、塑料袋包装与低温冷藏相结合。

气调储藏。研究指出气调储藏可以明显延长龙眼的储藏期（石硖龙眼在4℃、O_2 5%、CO_2 5%的条件下可储藏50天，好果率95%以上），但生产中应用很少。而采用塑料薄膜袋包装冷藏，是一种简易气调冷藏方式，经济有效，储藏效果也较好。

（四）小微型冷库温度、湿度的调控

1. 温度设定和融霜操作

小型或微型冷库一般采用氟利昂制冷机组，温度的设置是通过温控仪人工设置。以 –50/100℃ "小精灵"温控仪操作为例，设置龙眼储藏温度为3~4℃，应设置3℃，幅差值1℃，设备即在3~4℃区间运行。温控仪上具有融霜时间设置功能，一般融霜时间设置30min，融霜间隔的设置原则是：龙眼入库初期间隔短（15~20h），温度稳定后间隔时间长（几天至十几天），冬季制冷机运行少时融霜间隔会更长。准确的融霜间隔必须根据人为观察蒸发器的结霜情况而定，当蒸发器上有白色霜层但是没有明显阻挡出风时即应除霜。所以，应根据使用阶段及时调整融霜时间，方可达到既保证融霜及时又不出现无霜频繁加热导致库温波动的目的。

2. 湿度保障措施

冷库内湿度低于 75% 时，可以通过地面洒水的方式提高湿度，但是地面不能泼水出现"明水"聚积。产品湿度的保证主要靠冷库设计时适当增加制冷系统的蒸发面积、控制好果实预冷终点温度、库温恒定和塑料薄膜袋包装来解决。

（五）储藏保鲜简明工艺流程

龙眼储藏简明工艺流程：

冷库及包装物清洁、消毒→冷库提前降温→适时精细采收→挑选分级→保鲜剂处理→装入保鲜袋→快速预冷→控制适宜的储藏温度和湿度→根据品种耐藏性适时出库销售。

工艺流程注释：

1. 冷库及包装物清洁、消毒

常用的消毒杀菌方式有：①果蔬库房消毒烟雾剂进行熏蒸；②4% 的漂白粉溶液进行喷洒消毒或用 0.5% ~ 0.7% 的过氧乙酸溶液进行喷洒消毒；③臭氧发生器消毒，一般每 $100m^3$ 配置 5g/h 产量的臭氧发生器，库内臭氧浓度达 $10\mu l/L$ 左右。

2. 冷库提前降温

果实入库前 2 天开启制冷机，将库温降至 0℃，产品入库后会减低回升幅度。

3. 适时精细采收

当果实生青味消失、果皮转为黄褐色、果皮变薄而平滑、果实柔软而富有弹性时即可采收，即在八九成成熟度采收。采收应精细，减免机械伤。

4. 保鲜剂处理

可用 0.1% 的梧酸丙酯或 0.2% ~ 0.4% 的抗坏血酸或 0.1%

谷胱甘肽浸泡处理 20min 后，捞起晾干水分。

5. 装入保鲜袋

采用 0.03mm 厚的聚乙烯或聚氯乙烯透湿保鲜袋，每袋装量不超过 7.5kg。

6. 快速预冷

翻开袋口，便于热交换，达到快速降温的目的，当品温达到 4℃时，扎紧袋口。

7. 控制适宜的储藏温度和湿度

可参照以下品温和相对湿度储藏：东壁龙眼 2℃，石硖龙眼 4℃，福眼龙眼 3~4℃。相对湿度均为 90%~95%。

8. 根据品种耐藏性适时出库销售

耐藏品种储藏期 35~45 天。

五、杧果储藏保鲜实用操作技术

杧果又名芒果、檬果、漭果等，我国杧果主要分布在海南、广西壮族自治区、广东、云南、台湾等省区。栽培最多的是海南省。

我国内地杧果面积约 6.7 万 hm^2，产量 60 万~70 万 t，台湾杧果面积 2 万 hm^2 左右，产量约 20 余万 t。

（一）储藏特性

杧果属于热带水果，为呼吸跃变型果实。杧果由于其生长环境导致其在采后储藏时对低温比较敏感，绿熟杧果低于 13℃、黄熟杧果低于 10℃ 时，即可出现冷害，其冷害症状为：果皮出现灰色烫伤状，变色常与凹陷、成熟不一致、风味和色泽不好等症状一起出现。通常安全储藏温度是 13℃，但品种之间有较大差异。

1. 成熟期和成熟度

杧果成熟期因产地、品种不同而有所差异，一般上市时间为3—8月，集中上市时间为4—7月。适时采收对于杧果采后贮、运、销等环节及其关键，用于贮运的杧果要在硬绿熟期采收。判断杧果是否成熟的方法有如下几种：①果形：果实饱满，大小定型，果肩浑圆，果身尚硬；②果色：不同品种表现不一，如台农、吕宋杧果绿熟时果皮为浅绿色，贵妃杧果成熟时为紫红色；③果肩果蒂：果肩浑圆，与果蒂平或略高于果蒂；④剖面：切开果实，果肉呈浅黄色（白转黄），种壳变硬；⑤生理落果：果园中出现落果时；⑥生育期：根据盛花期或坐果期后生育天数，如海南早中熟杧果生育期为 100 ~ 120 天，晚熟种为 120 ~ 150 天；⑦密度：果实放入水中，漂浮为未熟，下沉为成熟。

2. 品种及其耐贮性

杧果品种较多，一般情况下，不同杧果储藏期的长短除取决于品种耐藏性外，还与其采收成熟度、采收时间相关。杧果的后熟随采收时间的推迟而加快，因而就储藏能力来讲，未成熟杧果远优于在生理成熟度较高时采收的杧果，但未成熟杧果在 25℃ 催熟后不能充分后熟，果实品质低劣。就采收时间而言，中晚期采收果较早期采收果耐贮。品种之间耐贮性相比较而言，大致为：金煌杧、台农一号、紫秋杧、秋杧、吕宋杧、青皮杧、椰香杧、爱文杧、紫花杧、凯特杧、海顿杧、桂热杧 10 号。

3. 贮运期易出现的问题

采收过早，在生理成熟期之前采收，会导致采后成熟不一致；贮运温度长时间低于冷害临界温度时极易发生冷害，表现为果皮变暗灰色或果面出现污斑，即使转入适宜温度环境下也不能正常成熟。

192

4. 贮运期病害及其防控

在贮运过程中，引起杧果腐烂的主要病害是炭疽病，其次是蒂腐病。病原菌采前潜伏侵染现象普遍。病原性病害的防控措施：采前套袋能降低杧果储藏过程中腐烂率，一定程度上延长果实的后熟时间；采前喷洒抗性诱导剂，即对挂果时期的杧果喷洒水杨酸，能够有效的提高杧果对于炭疽病和蒂腐病的抵抗能力；采后浸果，杧果采后采用 50～55℃ 热水或热水 + 杀菌剂浸泡 5min，能有效控制贮运期间果实炭疽病病害；采后涂膜能降低果实呼吸代谢和减少贮运过程失水失重，抑制微生物生长与侵害果实。

杧果果实的生理病害，表现为胶状种子、海绵组织、果肉硬块、果肉溃败等，这些症状可能是生理病害发生到不同阶段的表现。一般的发生过程是：内果皮周围果肉早熟和软化；内果皮与果柄之间形成空腔，其周围果肉分解；局部果肉彻底分解成糊状物质。这些病害发生在果皮以内，一般在采后成熟期间，从外观上很难判断果实是否感病，发病率可高达 50% 以上。因此，生理病害对杧果产量和品质的影响很严重。杧果种植在贫瘠土壤和施肥管理不当时，容易出现这些病害，可能与缺乏某些必需元素有很大关系，如缺钾、缺钙、缺硼、缺锌或缺镁等元素，尤其在高温、多雨和高湿度地区更容易发生。因此，一定要定期施足含这些元素的肥料。锌肥（硫酸锌）和硼肥（硼酸或硼砂）每3～4 年施 1 次即可，硼砂用量每株 10～20g，施到土表以下 20～30cm 的根际层。

总之，良好的果园管理、精细采收、精细分级和处理、减免机械伤、入库前储藏场所消毒、控制适宜的储藏温度、防腐处理，是防控病原性和生理性病害的综合措施。

（二）可参照储藏条件

果实温度（品温）：绿熟果实13℃，黄熟果实10℃；

相对湿度：85%～90%；

气体成分：O_2 3%～5%，CO_2 3%～6%。

（三）储藏场所和方式选择

简易储藏场所。通过使用保鲜剂在常温下可延长较早采收杧果的保鲜期，但是储藏时间也仅在10天以内，只能缓解临时周转问题。

机械冷库储藏。机械冷库加自发气调结合保鲜剂防腐处理，是我国目前储藏杧果中应用较普遍的一种方式，一般储藏20天左右，即保鲜剂处理、塑料袋包装与亚低温冷藏相结合。

气调储藏。研究指出，气调储藏可以明显延长杧果的储藏期，但生产中应用较少。而采用塑料薄膜袋包装冷藏，是一种简易气调冷藏方式，经济有效，储藏效果也较好。

（四）小微型冷库温度、湿度的调控

1. 温度设定和融霜操作

小型或微型冷库一般采用氟利昂制冷机组，温度的设置是通过温控仪人工设置。以 –50/100℃ "小精灵" 温控仪操作为例，设置龙眼储藏温度为12～13℃，应设置12℃，幅差值1℃，设备即在12～13℃区间运行。温控仪上具有融霜时间设置功能，一般融霜时间设置25～30min。由于香蕉储藏温度为12～13℃，蒸发温度通常高于0℃，蒸发器通常不明显结霜，所以融霜间隔可设置至最大值。准确的融霜间隔必须根据人为观察蒸发器的结霜情况而定，当蒸发器上有白色霜层但是没有明显阻挡出风时即应除霜。

2. 湿度保障措施

微型库内相对湿度低于 75% 时，可以通过地面洒水或加湿器加湿的方式提高湿度，但是地面不能因洒水出现"明水"聚积。产品相对湿度的保证主要靠冷库设计时适当增加制冷系统的蒸发面积、库温恒定和塑料薄膜袋包装来解决。

（五）储藏保鲜简明工艺流程

杧果储藏简明工艺流程：

冷库及包装物清洁、消毒→冷库提前降温→适时采收果实→果柄修整（留 2cm 长果柄）→树下直接装入内衬柔软材料的箱中→果柄向下摆实→及时运到阴凉处→常温放置 15～20h（同时擦净果乳汁等分泌物）→挑选、分级→果蔬防腐保鲜液剂处理→晾干→1 - MCP 处理→0.015～0.02mm 薄膜单果包装→装入包装箱（每箱装量 5～10kg，摆放 1～2 层）→于 12～13℃下码垛储藏→售前催熟。

工艺流程注释：

1. 采收

用于贮运的杧果应在硬绿熟期采收，此时杧果达到生理成熟阶段。采果应在晴天、露水干后采收最好。采收过程要做到轻采轻放，防止机械损伤。

2. 果柄修剪和处理

采收时应留 2.5cm 长果柄，尽量减少果柄流出胶汁。处理前再剪去 0.5cm，然后进行保鲜液剂处理。果柄修剪和保鲜液剂处理应在采果后 24h 内完成。

3. 1 - MCP 处理

初次使用必须先做试验，设定 1 - MCP 浓度小于 1μl/L，常温条件下，密封气帐内熏蒸 16～24h。

4. 防腐处理

杧果采后所用果蔬防腐保鲜液剂处理需要符合国家卫生标准，也可采用 50～55℃ 热水或热水 + 杀菌剂浸泡 5min，能有效控制贮运期间果实炭疽病病害。

5. 包装

杧果的包装通常分为 6kg、12kg、18kg 装等几种，其内层的包装又可分为单层装及双层装与子母箱装 3 种。其包装方法为：①单层装均先用封箱机密封箱底，然后放置缓冲纸垫底，其上再放纸丝，而后整齐的排列一层杧果，层上再放缓冲纸保护，最后用封箱机封上顶盖，过磅注明重量、品种、等级；②双层装是在第一层完成后，在层上放上缓冲纸保护，再如第一层般置上纸丝，加放一层果实，其余包装均相同；③子母箱装为一个大箱中放数个小箱，小箱的包装为单层式，包装方法均一样。

国外多用纸箱包装，或用塑料做成托盘并分格，每格放 1 个果实。近年来我国也有许多单位采用带通气孔的瓦楞纸箱包装，可分为贮运包装和礼品包装两类。贮运包装的纸箱以装 40～60 个果为宜，重量 10～15kg 为宜，纸箱分两层，两层之间用纸板隔开，每层又分 20～30 个格，每格放一个杧果，格子大小应与果实大小相吻合。礼品包装用手提纸箱，力求做到精美、醒目、小巧、方便，果实上贴上精美商标，以美化商品、加强宣传。内包装一般用白纸或 0.01～0.02mm 厚的聚乙烯薄膜袋进行单果包装，再用纸箱或泡沫箱包装。

6. 催熟

催熟室温度 20～25℃，乙烯浓度 200～500μl/L，相对湿度始终保持在 90%～95%，以防止果实失水皱皮。及时通风，使催熟室内的二氧化碳降低到 1% 以下，才可以保证果实催熟后皮色亮黄。由于杧果到达呼吸跃变期后的呼吸强度极大，会伴随大量的呼吸热释放，所以，包装箱堆码和室内循环风设计，将热量排除，才可保证果实的品温在正常的催熟范围，防止过热，减少催熟期间的病害发生发展。

第十章 热带、亚热带特色水果
保鲜实用操作技术

一、火龙果储藏保鲜实用操作技术

火龙果又称红龙果、玉龙果。我国内地的海南、广东、广西壮族自治区、福建有少量生产。目前市场上销售的火龙果多数从东南亚国家进口。

（一）储藏特性

火龙果原产于中美洲热带，属于热带跃变型水果。产地较少储藏，主要是通过运输保鲜和销地短期存放，达到保持品质、延长供应的目的。耐藏性较好，室温下，果实可存放2周左右。

1. 成熟期和成熟度

在东南亚国家自然状态下，产果期集中在每年的7—11月。火龙果植株一直开花至每年10月底，最迟到12月底还可以采果，产果期长达6个月以上，前后可收果10批以上。

一般来说，谢花后26~27天，果皮开始转红后7~10天，果顶盖口出现皱缩或轻微裂口时可开始采收。对于供出口的火龙果，须长途运输或较长时间存放，最佳采收时间为谢花后25~28天；对于供应当地市场的火龙果，最佳采收时间宜为谢花后29~30天。

2. 品种及其耐藏性

我国大陆栽培的火龙果主要是从我国台湾地区和泰国等地

引入。

按果肉颜色分，有红皮白肉型、红皮红肉型、红皮紫肉型、黄皮白肉型4种，而目前市场上常将红皮红肉型和红皮紫肉型归为一类。在栽培地又冠以商品名称，如广东栽培的"白玉龙"（红皮白肉）为我国台湾选育而成；贵州选育的"晶红龙""粉红龙""紫红龙"和"珠龙"（红皮红肉）。从耐贮运性比较，"粉红龙"相对耐贮运，在5℃下可以储藏25天以上。

3. 贮运期易出现的主要问题

失水萎蔫和腐烂是火龙果贮运期间最直观的外在表现；贮运温度低时容易发生冷害，在1~3℃储藏7~15天，果实表面出现明显凹陷斑，表现为典型的冷害症状。

4. 贮运期病害及其防控

进口火龙果采后主要病原性病害有尖孢镰刀菌、链格孢菌等引起的腐烂病害。尖孢镰刀菌引起火龙果软腐。5℃的低温、减少光照都可以明显控制尖孢镰刀菌等引起的腐烂。

良好的果园管理、精细采收、精细分级和处理、减免机械伤、入库前储藏场所消毒、控制适宜的储藏温度，是防控病原性病害的综合措施。

（二）可参照储藏条件

果实温度（品温）：5~6℃（参考）；

相对湿度：90%~95%；

气体成分：O_2 3%~5%，CO_2 4%~6%（参考），生产中一般不进行气调储藏。

（三）贮运场所和方式选择

一般采用冷藏方式，特别是批发市场等销地根据销售时间，都采用 5～10℃ 的温度下短期存放保鲜，以控制果肉变软和腐烂。研究初步认为 5℃ 是多数红肉火龙果品种的临界冷害温度。气体储藏有明显延缓火龙果成熟衰老的作用，但是目前研究积累的参数有限。

（四）贮运保鲜简明工艺流程

储藏保鲜简明工艺流程：

（1）进口果实。进口火龙果→分批至销地批发市场（最好冷链运输）→抽检损伤情况和质量，预判最长储藏时间→5～8℃下原包装物储藏→观察成熟衰老变化，确定最晚出库时间（通常不超过 30 天）；

（2）国内自产果。适期精细采收挑选→快速进入 8～10℃ 的冷库中预冷→采用涂被剂处理（有试验认为，1μl/L 1－MCP＋2% 氯化钙＋2%壳聚糖涂抹果实，有利于延长红龙果的储藏期，可进一步研究确认效果）→用泡网套单果套果→纸箱内衬0.03mm 的聚乙烯塑料袋折口→在 5～6℃ 下储藏→抽样观察→适时出库。

运输保鲜简明工艺流程：

果实采后运抵包装场→人工分级和分规格→洗果→浸泡杀菌剂→单果套塑料袋→装箱→冷库预冷（4～5℃库温）至果肉6℃→装冷藏集装箱运输。这种处理方式，在经 5～7 天后达到销售地，保存期可达 1 个月。随后在 25℃ 的室温状态下，销售货架期也可达 2 天。

二、红毛丹储藏保鲜实用操作技术

红毛丹，又名毛荔枝，韶子，红毛果，红毛胆，为东南亚原产热带常绿果树，果实风味类似于荔枝。目前，我国海南岛有较大面积的种植，但市场上销售的红毛丹多数从东南亚国家进口。

（一）储藏特性

红毛丹采后呼吸旺盛，为呼吸高峰型水果，品质变化很快，不耐储藏。新鲜的红毛丹外皮鲜艳，果壳上覆有柔软坚韧的毛刺，失鲜的红毛丹果壳发黑变暗，毛刺也变得坚硬。在常温下3天左右就褐变、腐烂变质。有报道显示，12℃下储藏20天果实内含物变化不显著，但是外观变化很大，大部分品种在10℃下储藏4天就变软，商品性明显变差；储藏7～8天后果皮开始褐变。

1. 成熟期和成熟度

马来西亚每年6—8月为红毛丹的集中成熟采收期。以果实色泽变化结合花后生长发育天数确定采收成熟度的主要指标。红果品种由绿色转红色、深红色或粉红色；黄果品种由绿转黄色或橙黄色，即可初步认为成熟。同一产地的同一品种，刺越细长，成熟度通常越高，口感越好。同一树上红毛丹成熟时间差异较大，应分为2～3批采摘，我国海南首批果6月份采收，二批果7月份采收。远途运销的红毛丹应在8.5成成熟度采收，采果用采果剪，在果穗基部与结果枝交界处1～2cm处剪下。

2. 品种及其耐藏性

红毛丹以果皮色泽可分为红色果、黄色果和粉红果3个类型。

东南亚国家红毛丹品种主要有 Lebabooloos、Seematjan、Seenjonja、Seekonyo、R134、R162（Onglleok）、R170（Delicheng）、R191（AnakSekolah）、R193（DeliBaling）、Jitlee 为红色品种，R156（MuarGading）为黄色品种。Ongocleok 抗冷性强于 Jitlee 和 MuarGading。我国海南岛选育了保研1、保研2、保研3、

保研 4、保研 5、保研 7 等品种，其中，保研 2 为黄色椭圆形，保研 1、保研 3、保研 4 为红色椭圆形，保研 5、保研 7 为红色圆形。

3. 贮运期易出现的主要问题

贮运期间主要问题是失鲜、变色、腐烂，失去食用价值。果实成熟度越高，变色越快。

4. 贮运期病害及其防控

红毛丹果实采后腐烂的病原性病害主要是疫霉属真菌引起的病害，有些病原菌在果实发育早期就已经潜伏侵染。研究初步认为，红毛丹的在低于 5℃ 的温度下贮运，很易产生冷害。

良好的果园管理、精细采收、精细分级和处理、减免机械伤、入库前储藏场所消毒、控制适宜的储藏温度，是防控病原性病害的综合措施。为保险起见，贮运温度不宜低于 10℃。

（二）可参照储藏条件

果实温度（品温）：10 ~ 12℃

相对湿度：95% ~ 98%；

气体成分：O_2 3% ~ 5%，CO_2 7% ~ 12%，可采用 MA 储藏，减少失水，延缓褐变。

（三）贮运场所和方式选择

一般采用冷藏方式，特别是批发市场等销地根据销售时间，可采用 10 ~ 12℃ 的温度下短期存放保鲜，以控制果肉变软和腐烂。研究初步认为 7℃ 左右是红毛丹的临界冷害温度。但是，目前提倡的贮运温度在 10 ~ 12℃。MA 储藏有明显延缓红毛丹褐变和衰老的作用，但是对适宜气体成分还缺乏系统研究。

（四）贮运保鲜简明工艺流程

储藏保鲜简明工艺流程：

1. 进口果实

进口红毛丹→分批至销地批发市场（冷链运输）→抽检损伤情况和质量，预判最长储藏时间→10～12℃下原包装物储藏→观察成熟衰老变化，确定最晚出库时间（通常不超过 10 天）；

2. 国内自产果

适期精细采收挑选（用果剪剪下整个果穗或带 1cm 果柄单个采收，剔除有裂纹、小孔和擦伤的果实）→快速浸泡 8～10℃的冰水预冷→保鲜剂浸泡处理（但是需符合食品安全要求）→发泡箱内衬 0.03mm 的聚乙烯塑料袋折口→在 10～12℃下储藏→抽样观察→适时出库销售。

3. 运输保鲜

红毛丹的保鲜主要是运输和货架期间的保鲜，不提倡在冷库内做较长时间储藏。红毛丹应在 24h 内空运到达目的地，时间越迅速越好，并需要在包装前预冷至 13℃。运输应在适宜低温条件下进行。采用薄膜内衬包装，外包装采用纸箱、钙塑箱和泡沫塑料箱均可。包装箱不宜太大，可用 22cm×25cm～31cm×9cm 的纸箱包装，每箱装量不大于 5kg。

三、山竹储藏保鲜实用操作技术

山竹是《中国植物志》收载的莽吉柿的俗名，又名山竺、山竹子、倒捻子，原产于马来半岛和马来群岛，在东南亚地区如马来西亚、泰国、菲律宾、缅甸栽培较多，属于热带水果。在我国台湾、福建、广东和云南等省区有少量栽种。我国市场上销售的山竹主要是从泰国等东南亚国家进口。

（一）储藏特性

山竹壳厚，呈深紫色，对果肉有一定保护作用。果壳看似厚实，其实质地比较疏松，密布其间的孔隙使水分很易散失，且碰撞挤压后也极容易受伤，导致生理失调。果壳硬化往往是由于机械伤、冷害和果实衰老的结果。

采后或经过贮运保鲜质量良好的鲜果，其特征是蒂与萼片绿色、壳软有弹性且色泽鲜亮，打开外壳，里面的肉质为纯白色，无半透明的果肉（玻璃珠）出现，无黄色肉（返浆果）出现。

山竹属于呼吸跃变型果实，储藏保鲜时间短，品种的成熟度与储藏期密切相关。山竹暴露在 $100\mu l/L$ 乙烯浓度下，会加速其成熟。

1. 成熟期和成熟度

一般每年4—9月都有收获，5—6月是山竹成熟采收旺季。果皮颜色底色淡黄，有 $50\% \sim 75\%$ 转为粉红色时为适宜的采收成熟度。这种果实在 $13℃$ 下 $4 \sim 6$ 天就可转为紫红色，且果萼仍可保持鲜绿。

2. 品种及其耐藏性

山竹在泰国分为油竹、花竹和麻竹。之所以分为上述几种，是由于田间幼果期，果实遭受蓟马侵害。油竹虽外观靓丽，是病虫害防止较好的结果。山竹因栽培条件的不同，会导致不同的果实表现。

3. 贮运期间易出现的问题

冷害变色、果皮木质化、果肉玻璃肉或变色软烂是贮运期间的主要问题；遭受冷害回温后果实容易腐烂；尽管有较厚的果皮，但是，即使从 10cm 处落地，也会造成果实内部损伤。

4. 贮运病害及其防控

储藏温度长时间低于 12℃ 时，果实遭受冷害，外观症状是果皮暗淡、无光泽或果肉褐变；玻璃肉症状是果肉为半透明，肉质脆，这种失调往往是田间雨水过多，采摘成熟度过低，以及后熟条件不适宜所致；果皮硬化也叫果皮木质化，是由于果实衰老、冷害及机械伤害导致，伴随果皮的硬化，果肉质地、风味等也发生劣变。

采收及采后的处理过程，应精细操作，减免机械损伤和跌落损伤。适宜的低温可延缓果壳木质化和果肉衰老变化，气调储藏对延长贮运期效果明显。

（二）可参照储藏条件

果实温度（品温）：12 ~ 14℃；

环境相对湿度：95% ~ 98%；

参考气体成分：O_2 5%，CO_2 5% ~ 10%。薄膜包装简易气调储藏对延长储藏期有一定作用，具体指标需要研究总结。

（三）贮运场所和方式选择

山竹属于高价值水果，且耐藏性差，要保持品质并延长销售期和扩大销售半径，一是必须调控贮运温度，二是缩短运输时间。所以，预冷、储藏和运输过程最好能实现全程冷链；运输温度高可采取空运代替水路或陆路运输。

（四）贮运保鲜简明工艺流程

1. 进口果实

进口山竹→分批至销地批发市场（冷链运输）→抽检损伤情况和质量，预判最长储藏时间→12 ~ 14℃ 下原包装物储藏→观察成熟衰老变化，确定最晚出库时间（通常不超过 15 天）；

2. 国内自产果

适期精细采收挑选→催熟或自然后熟→分级分规格→塑料筐内衬薄膜袋包装→喷洒保鲜防腐药剂（需符合食品安全要求）→进入 13℃的冷库中预冷→在 12～14℃下储藏→抽样观察→适时出库销售。

货架销售最好能在 12～15℃的温度下销售，采用纸箱小包装（例如 1kg 包装，10 个左右果实），既避免磕碰损伤，也利于消费者购买和食用。在 12～15℃下，一般货架销售时间最长 3～5 天。

四、莲雾储藏保鲜实用操作技术

莲雾又名洋蒲桃、紫蒲桃、天桃等，是热带、南亚热带地区重要珍稀水果之一。果实顶端扁平，下垂状表面有蜡质的光泽，果肉呈海绵质，略有苹果香味。我国台湾从 20 世纪 80 年代起栽培面积快速增加。海南、广东、广西壮族自治区和福建有一定量引进栽培，目前市场上销售的莲雾多数来自东南亚国家和我国台湾。

（一）储藏特性

莲雾果皮极薄，果肉含水分多，不耐储藏，一般常温下储藏 4 天。莲雾果实的商业品质明显下降，好果率减半，到第 6 天，果实失水严重，呈现皱缩现象，失去光泽，部分果实由于腐烂而失去食用价值。

1. 成熟期和成熟度

中国台湾本地种莲雾（深红色种莲雾），台湾北部 7—9 月成熟；南部 5—7 月成熟；台湾黑珍珠莲雾（色泽暗红）成熟期与前相同；泰国红宝石（Thub Thim Chan）莲雾，市售的"子弹莲雾"即此品种。研究初步认为，台湾黑珍珠品种莲雾采收成熟度以果洼展开及出现特有色泽为依据进行判断；莲雾产期较长，台湾莲雾一年开花结果 3 次，产期自当年 11 月至次年 4 月，因此，果实要进行分批采收，莲雾的底部张开越大表示越成熟。

2. 品种及其耐藏性

莲雾品种较多，以果实颜色有深红、淡红、粉红、绿色和乳白色。早熟品种有台湾的黑珍珠和黑钻石莲雾以及泰国红宝石。目前在中国市面上看到的深红色莲雾，几乎都是从泰国进口来的。泰国莲雾个头较大，呈暗红色，而且比较长；台湾产莲雾个头较小，呈粉红色，圆锥形；而海南产台湾品种个头还要小一些，色泽偏浅。

3. 贮运期间易出现的问题

莲雾果肉组织幼嫩、呼吸代谢旺盛，鲜果采后常温下极易褪色、软化、皱缩、失水并腐烂，在温度为 25 ~33℃、相对湿度60% ~80% 条件下储藏 4 天，失水率可达 15% 以上，且硬度迅速下降，商品性和食用价值显著降低。初步认为莲雾的贮运温度不得低于 5℃，几种莲雾品种的抗冷能力强弱顺序依次为水蒲桃、本地种、粉红种、紫红种、青色种、印度红。

4. 贮运病害及其防控

炭疽病、黑腐病、疫霉果腐病等是贮运期间的主要病原性病害，贮运温度低会引起冷害。良好的田间管理、精细采收及采后处理、缓冲性包装和科学运输等以减免机械损伤。适宜的低温加聚乙烯塑料薄膜包装可延缓果实的衰老和失水；简易气调储藏对延长贮运期效果明显。

（二）可参照储藏条件

果实温度（品温）：11 ~13℃；

环境相对湿度：90%～95%；

参考气体成分：具体指标需要研究总结；薄膜包装简易气调储藏对延长储藏期有一定作用。

（三）贮运场所和方式选择

莲雾属高价水果，且耐藏性差，要保持品质并延长销售期和扩大销售半径，一是必须调控贮运温度，二是缩短运输时间。所以，预冷、储藏和运输过程最好能实现全程冷链；运输温度高可采取空运代替水路或陆路运输。气调运输保鲜方法对莲雾果实的远距离销售有良好效果。

（四）贮运保鲜简明工艺流程

储藏保鲜简明工艺流程：

1. 进口果实

进口莲雾→分批至销地批发市场（冷链运输）→抽检损伤情况和质量，预判最长储藏时间→11～13℃下原包装物储藏→观察成熟衰老变化，确定最晚出库时间（通常不超过10天）；

2. 国内自产果

适期精细采收挑选→单果软纸包装整齐摆放在包装箱内→塑料筐、纸箱或泡沫箱内衬0.025mm的聚乙烯塑料袋折口→在11～13℃下预冷和储藏→抽样观察→适时出库销售。

运输和货架保鲜：

莲雾的保鲜主要是运输和货架期间的保鲜，不提倡在冷库内做较长时间储藏。莲雾应在24h内空运达到目的地，时间越迅速越好，并需要在包装前预冷至10℃，且运输应在10℃左右低温条件下进行。采用薄膜内衬包装，外包装采用纸箱、钙塑箱和泡沫塑料箱均可。包装箱不宜太大。进口莲雾通常是净重5kg、

208

10kg 等包装量。

货架销售最好能在 12～15℃ 的温度下销售，可用小盒包装，每盒 0.5～1kg，既避免磕碰损伤，也利于消费者购买和食用。在 12～15℃ 下，一般货架销售时间可达 3～5 天。

五、番荔枝储藏保鲜实用操作技术

番荔枝，又称赖球果、佛头果、释迦果。原产南美热带，我国主要集中在台湾、广东，广西、海南、福建等省。目前我国内地产量和面积均较低。

（一）储藏特性

番荔枝为热带水果，果肉乳白色。成熟番荔枝表面呈淡绿黄色外被白粉，后熟期极短。成熟度分别为七成、八成和九成的果实，在 22～33℃ 下分别经过 6 天、4 天和 2 天软化，随之会出现裂果、褐变现象。番荔枝为呼吸跃变型果实，但是在树上不能后熟，必须采摘后才能完成跃变。低温能延缓和抑制其呼吸高峰和乙烯高峰的出现。

1. 成熟期和成熟度

番荔枝上市时间因品种和产地不同而有所不同。我国番荔枝的成熟期通常从 8 月下旬开始，9 月上旬至中秋节前为主要上市季节，11 月还有少量上市。如虎门普通番荔枝从 8 月下旬开始上市，采摘持续到 9 月底结束，而杂交番荔枝则在 11 月份开始陆续上市。

番荔枝成熟度的确定可参照下属特征。七成熟度：果皮黄绿色、约有 50% 的鳞沟打开，果肉可溶性固形物含量约 8%；八成熟度：果皮黄绿色，约有 70% 的鳞沟打开，可溶性固形物含量约 10%；九成熟度：果皮粉白色，约有 90% 的鳞沟打开，可溶性固形物含量达20%；完熟：果皮开裂，可溶性固形物含量达22%以上。在本地或短期内销售的果实，可在果实到八成半至九成熟时采收，可溶性固形物含量在15%～20%；远距离销售的果实，可在果实八成熟时采收，可溶性固形物含量达到10%。

果实采收成熟度与耐贮性密切相关，九成熟度的果实，其储藏品质最佳，但储藏寿命较短；八成熟度与九成熟度比较，其果实储藏后品质接近，而储藏寿命明显延长，果梗褐变率和褐变指数明显减少；七成熟度的果实，其储藏品质最差而储藏寿命最长，所以以八成成熟度或50%果面出现乳白色为采收参照。

2. 品种及其储藏性

供食用栽培的番荔枝主要有4种：普通番荔枝、毛叶番荔枝（秘鲁番荔枝、南美番荔枝）、刺果番荔枝和杂交番荔枝（俗称atemoya）。我国栽培的主要是普通番荔枝和杂交番荔枝。AP番荔枝，是以普通番荔枝和毛叶番荔枝杂交选育的后代，1981年开始引入我国大陆试种。广东澄海市的樟林番荔枝、广东东莞虎门的虎门番荔枝、台湾的粗鳞番荔枝和细鳞番荔枝，均为我国番荔枝的主要生产地。番荔枝耐贮性较差，适宜温度储藏期一般为9～12天，不同品种间耐贮性差异不明显。

3. 贮运期间易出现的问题

裂果、冷害、腐烂是番荔枝贮运期间易出现的问题。番荔枝容容易因磕碰造成机械伤，在贮运过程中引起腐烂变质；番荔枝后熟后，就会出现裂果、变质；后熟后有容易发生病原微生物引起的腐烂。番荔枝为热带水果，对低温比较敏感，一般认为12℃为最低临界温度，储藏温度不适宜会造成冷害。

4. 贮运期病害及其防治

采后侵染番荔枝果实的病原真菌主要有灰葡萄孢菌、拟茎点孢菌、黑根霉菌、青霉菌、交链孢菌和镰孢菌。生理性病害主要是：生理性裂果和果实黑斑病。

科学田间管理和病虫害综合防治（如果实套袋）、适期采收、采后商品化处理、包装与储藏方式等相关环节，形成综合配套技术，才能达到有效控制病害发生、提高果品质量的目的。

（二）　可参照储藏条件

果实温度（品温）：$12 \sim 18℃$；

不同品种和不同采收成熟度，适宜的储藏温度有较大差异。一般认为低熟度（八成以下）果实以 $18 \sim 20℃$ 为宜，中熟度（八九成）果实 $15 \sim 18℃$ 为宜，而高熟度（九成以上）果实以 $12 \sim 15℃$ 为宜，且均要保持较高的湿度（90%以上）。

相对湿度：90% ~95%；

气体成分：O_2 3% ~5%，CO_2 4% ~5%（参考）。

（三）　储藏场所和方式选择

简易储藏场所。采后置于低温阴凉处，储藏时间很短，只能缓解临时周转问题。

机械冷库储藏。机械冷库加自发气调，是我国目前番荔枝储藏应用较普遍的一种方式。储藏温度选择与采收时成熟度有关，未成熟的果实对低温更敏感，所以，储藏时，必须根据果实成熟度和品种确定储藏温度，掌握宁高勿低的原则，并根据储藏实践加以调整。

气调储藏。气调储藏可以明显延长番荔枝的储藏期，但生产中应用很少。而采用塑料薄膜袋包装冷藏，是一种简易气调冷藏方式，经济有效，储藏效果也较好。

（四）番荔枝贮运简明工艺流程

储藏保鲜简明工艺流程

1. 进口果实

进口番荔枝→分批至销地批发市场（冷链运输）→抽检损伤情况、成熟度和质量，预判最长储藏时间→12～13℃下原包装物储藏→观察成熟衰老变化→通风换气减少乙烯积累→确定最晚出库时间（通常不超过10天）；

2. 国内自产果

适期精细采收挑选→快速进入冷库中预冷（根据采收成熟度调节储藏温度，见上文阐述）→可采用保鲜剂浸泡处理防腐（但是需符合食品安全要求）→纸箱内衬0.025～0.03mm的聚乙烯塑料袋→内放置饱和高锰酸钾溶液载体型乙烯吸收剂→松扎口→按成熟度在12～18℃确定储藏温度→抽样观察→适时出库销售。

运输和货架保鲜

番荔枝的运输和货架期间的保鲜也十分重要，不提倡在冷库内做较长时间储藏。如采用常温空运，应在24h内空运达到目的地，时间越迅速越好，并需要在包装前预冷至品温为12℃。汽车、火车或船运，运输温度应在12℃以上。采用0.025～0.03mm的聚乙烯塑料薄膜内衬包装，外包装采用纸箱、钙塑箱和泡沫塑料箱均可。包装箱不宜太大。

货架销售最好能在12～15℃的温度下销售，可用小盒包装，每盒装过2～4个，用隔板将每个果实隔开，每个果实套泡沫网套，既避免磕碰损伤，也利于消费者购买和食用。在12～15℃下，一般货架销售时间可达2～4天。

六、橄榄储藏保鲜实用操作技术

橄榄科橄榄属橄榄果实主要鲜食和加工。橄榄在我国又称为青果、青子、忠果。主要分布于福建、广东，其次为广西壮族自治区、海南、台湾。此外，四川、云南及浙江南部亦有少量分布。

（一）储藏特性

橄榄属于亚热带呼吸跃变型果品，果皮较薄，采后极易失水皱缩，不喜高温高湿，又怕干燥。采后直接于常温空气中存放，在 5~6 天后，果实大部分会变黑。

1. 成熟期和成熟度

橄榄的采收期因地区、品种和用途不同而不同。供凉果、蜜饯的在 7—8 月采收青果；作为鲜食的，要待果实充分成熟、果皮着色良好时才采收，此时果实品质优良，也耐储藏。在广东潮汕地区，早熟品种约于中秋节前后采收，可至 10—12 月采收。用于储藏的橄榄可适当早采，在果实九成熟时即可采摘（晚熟地区或品种应在霜前采收），果实可溶性固形物一般在 11% 以上。

2. 品种及其耐藏性

橄榄的主栽品种有檀香、惠园、长营、霞溪本等 10 余种。福建鲜食橄榄以福州的檀香、莆田的糯米榄为代表；广东以三棱榄为代表。鲜食品种有福建闽江流域的檀香、檀头、福建莆田的霞溪本、糯米橄榄；广东的三棱榄、茶窑榄、丁香榄等。鲜食加工两用品种有福建莆田的刘族本、公本，广东的凤湖榄、冬节圆、青皮榄等。

有报道指出，霞溪本、刘簇本、檀香橄榄较耐储藏，杂本、厝后本和中长营次之，惠圆、小长营、大长营不耐储藏，其中，惠园采后极易腐烂；榄脂道腔大，分布近果沿皮部且密集为耐贮运的特征。

3. 贮运期易出现的问题

橄榄果实的机械损伤会明显加速橄榄采后的衰老进程，影响橄榄果实的耐贮性。人工上树采摘的果实的耐贮性较高，拦网采摘的果实次之，自然掉果耐贮性最差。橄榄在低湿度环境中，极容易失水皱皮。通风不良，导致果实周围环境二氧化碳浓度积累，会引起果皮出现斑点、果肉变味等生理伤害特征。

4. 贮运期病害及其防控

橄榄果实采后主要侵染性病害是橄榄灰斑病、橄榄炭疽病、橄榄焦腐病等。采后主要生理性病害是低温冷害，症状为果肉变褐，最敏感部位是种子周围和蒂部。

科学田间管理和病虫害综合防治、适期精细采收和运输、采后商品化处理、包装与储藏方式等相关环节中，形成一套综合技术，才能达到有效控制病害发生、提高果品质量的目的。

（二） 可参照储藏条件

果实温度（品温）：5～7℃；

相对湿度：90%～95%；

气体成分：O_2 2%～4%，CO_2 0%～1%，氧分压低于2%，或二氧化碳分压高于2%会导致严重的生理伤害。

（三） 储藏场所和方式选择

简易储藏场所。采用普通民房或其他建筑物、山洞、窑洞等场所，可作为临时周转或较长时间储藏的场所。

机械冷库结合自发气调包装储藏。机械冷库结合自发气调包装可有效延长橄榄果实的储藏期。可控制储藏温度在 5 ~ 7℃，相对湿度 90% ~ 95%。

（四）橄榄贮运简明工艺流程

储藏保鲜简明工艺流程：

适期精细采收挑选→采用保鲜剂浸泡处理防腐（需符合食品安全要求）→沥干浮水→包装（0.06mm 聚乙烯塑料袋，内放置饱和高锰酸钾溶液载体型乙烯吸收剂）→进入冷库中预冷→松扎口→在 5 ~ 7℃温度储藏→抽样检查→适时出库销售（通常可储藏 4 个月左右）。

运输和货架保鲜：

橄榄果实常温空气中存放 5 ~ 6 天，果实大部分会变黑。如采用常温空运，应在 24h 内空运达到目的地，时间越迅速越好。采用 0.06mm 的聚乙烯塑料薄膜内衬包装，外包装采用纸箱、钙塑箱和泡沫塑料箱均可，包装箱不宜太大。如果采用聚乙烯薄膜袋包装，每袋 500g，每箱装 10 袋，分两层摆放，层间用纸板分隔，纸箱开口处用胶带粘牢，在 5 ~ 7℃下冷藏。较长时间冷藏需要在采后做好精细挑选以及防腐处理。

第十一章　柿枣等水果保鲜实用操作技术

一、鲜枣储藏保鲜实用操作技术

枣原产于我国，除了黑龙江、吉林和西藏外，我国其余省市几乎全有枣的栽培。河北、山西、山东、山西、新疆维吾尔自治区、河南是枣主要产区。主栽品种有赞皇大枣、灰枣、冬枣、壶瓶枣、俊枣、梨枣等。其中，冬枣主要产地为山东沾化、无棣，河北黄骅、沧州，天津大港，山西临猗、运城，新疆建设兵团农14 师，陕西大荔、临渭、渭城。近年南方不少省市也引种栽培。2011 年，全国种植面积约 153 万 hm^2，红枣产量约 346.78万 t。

（一）枣储藏特性

鲜枣采后在自然状态下会很快失水皱缩，主要原因是果实表皮蜡质层较少，保水性能较差。常温条件下，鲜枣失水速率是苹果的 5~7 倍，而且成熟度越低的果实失水越快。随着后熟果皮颜色加深，果肉从近核处开始变黄变褐甚至霉烂，这些变化均因品种而异，并随储藏温度的降低而延缓；枣在成熟过程中无明显的呼吸跃变，乙烯对调节枣果实成熟作用不明显；储藏过程中乙醇含量的高低与果实衰老有密切关系，乙醇含量变化虽因品种而异，但均呈上升趋势。

1. 成熟期和成熟度

枣的成熟期各地不一，多数枣品种在 9 月成熟，个别枣品种如冬枣可在 10 月中旬成熟（山东沾化、新疆维吾尔自治区阿勒泰等地区）。枣成熟过程中色泽由绿变白，渐红，据此可人为分为两个阶段：果面绿色渐褪，变为白色至微红色，味甜质脆，为脆熟期，拟储藏枣果应该在此阶段采收。此后，果皮转红，果肉糖分提高，水分减少，为完熟期，此期采收的果实一般用于鲜食和干制。

早熟和中熟品种一般不作储藏；拟长期储藏的枣应在八成熟采收，即初红至果面 1/3 红阶段采收，此时冬枣可溶性固形物含量一般在 20% 以上，质地酥脆，口感良好。

2. 品种及其耐藏性

鲜枣的耐藏性因品种不同差异很大。在各地的主要栽培品种中，冬枣、蛤蟆枣、临汾团枣、襄汾圆枣、运城相枣、婆婆枣、西峰山小枣、西峰山小牙枣、灵宝大枣等较耐储藏；相枣、坠子枣、婆婆枣、赞皇大枣、金丝小枣次之；骏枣、壶瓶枣、郎枣、梨枣、板枣等不耐储藏。目前储藏的鲜枣品种中，冬枣被认为是最耐藏的品种。

我国新疆维吾尔自治区光照充足，降水少，昼夜温差大，枣不仅在结果特性上与内地有所不同，果实品质一般也好，所以，相同品种其耐藏性优于内地。图为新疆维吾尔自治区阿拉尔某果园木质化枣吊挂果情况。

3. 储藏中不同品种易出现的问题

鲜枣储藏中易失水，加强保水措施是鲜枣储藏的关键之一；鲜枣呼吸旺盛，采后易发生缺氧呼吸，密闭和通风较差的环境都会导致枣果的发酵软化，果肉发酵引起的软化和褐变是鲜枣腐烂的重要原因；鲜枣对储藏环境中的二氧化碳特别敏感，高于 1% 的二氧化碳就会加剧果肉的软化褐变。鲜枣无伤带柄采收相对困难，但是打落或摇落的枣极易造成机械损伤或内部震动损伤。所以，用于储藏的鲜枣必须人工逐个采摘，严禁用木杆敲打震落。

图　枣园木质化枣吊挂果（新疆维吾尔自治区阿拉尔）

鲜枣采收期容易遇雨等造成裂果，裂果会严重影响果实的耐藏性，极易发生腐烂。

为保持果实储藏环境的较高相对湿度又不造成二氧化碳积累，生产上常使用鲜枣储藏专用微孔保鲜袋，并严格控制每袋中果实的装量。

4. 储藏中病害及其防控

鲜枣储藏过程中最主要的病原性病害是由链格孢菌引起的褐斑病，该病原菌在生长期就可以侵入果实。良好的果园管理、精细采收分级和处理、减免机械伤、入库前储藏场所消毒、控制近冰点储藏温度，是防控病原性病害的最主要的措施。鲜枣贮运生理病害主要是：低氧和二氧化碳浓度高引起的果肉发酵软化和褐变。

减低病害发生的方法是：①采收初红至果面 1/3 红阶段的冬枣；② 采用近冰点温度储藏，并尽可能减小库温波动；③采用微孔袋包装储藏，实现"保水透气"的效果。

（二）可参照储藏条件

果实温度（品温）：冬枣 $-3 \sim -2℃$（根据不同年份、不同产地结合可溶性固形物含量高低决定具体的储藏温度），其他耐藏品种：$-1 \sim 0℃$；

环境相对湿度：$90\% \sim 95\%$；

气体成分：O_2 $6\% \sim 8\%$，CO_2 1%（冬枣储藏参考指标）。

（三）储藏场所和方式选择

由于鲜枣储藏难度大，简易储藏场所不易调控温度，所以鲜枣不宜在简易储藏场所内储藏。

机械冷库储藏。机械冷库加微孔膜袋包装采用近冰点温度冷藏，是我国目前储藏鲜枣中应用最普遍的一种方式。果实在要求的成熟度采收后，迅速入库降温，在 $-3 \sim -2℃$ 冷藏条件下，冬枣的储藏期一般为 3 个月左右。

值得说明的是，上述参照储藏温度，虽然可以达到较长的储藏期，但其货架寿命极短，果实转移到常温（$25℃$）下几个小时后就会发生皮色迅速转褐红，2 天以后则发生斑点和腐烂，果肉出现异味。

因此，冬枣冷链运输和短期储藏，推荐温度为 $5 \sim 8℃$，而在 5—6 月上市的云南和四川冬枣，推荐贮运温度为 $8 \sim 10℃$。

（四）储藏场所温度、湿度的调控

1. 温度设定和融霜操作

小型或微型冷库一般采用氟利昂制冷机组，温度的设置是通过温控仪人工设置。以 $-50/100℃$ "小精灵" 操作为例，设置鲜枣储藏温度为 $-3 \sim -2℃$，应设置 $-3℃$，幅差值 $1℃$，设备即在 $-3 \sim -2℃$ 区间运行。温控仪上也有融霜时间设置功能，一般融霜时间设置 25min，融霜间隔的设置是：鲜枣入库初期间隔短（20～28h），温度稳定后间隔时间长（几天至十几天）。准确的间隔必须根据人为观察蒸发器的结霜情况而定，当蒸发器上有白色结霜但是没有明显阻挡出风时即应除霜，所以应根据使用阶段及时调整融霜时间。

2. 湿度保障

微型库内湿度低于 75% 时，可以通过地面洒水的方式提高湿度，但是地面不能泼水造成"明水"聚集。产品湿度的保证主要靠冷库设计时适当增大蒸发面积、预冷环节的控制、温度的恒定和微孔薄膜包装来解决。

（五）枣储藏简明工艺流程

枣储藏简明工艺流程：

冷库及包装物清洁、消毒→冷库提前降温→八成熟时带柄精细采收→装入聚乙烯微孔袋放入箱内→预冷至果温为 −1℃→扎紧袋口→−3～−2℃下储藏→出库前果温缓慢回升→适时出库销售。

工艺流程注释：

1. 冷库及包装物清洁、消毒

常用的消毒杀菌方式有：①果蔬库房消毒烟雾剂进行熏蒸；②4% 的漂白粉溶液进行喷洒消毒或用 0.5%～0.7% 的过氧乙酸溶液进行喷洒消毒；③臭氧发生器消毒，一般每 100m³ 配置 5g/h 产量的臭氧发生器，库内臭氧浓度达 10μl/L 左右。

2. 冷库提前降温

果实入库前 2 天开启制冷机，将库温降至 −2℃。

3. 八成熟时带柄精细采收

成熟度应掌握好，果实尽量带柄，采收、装箱、运输过程中

220

一定要精细。

4. 装入聚乙烯微孔袋放入箱内

鲜枣储藏期间易失水，所以应采用薄膜包装以减少水分散失，但是，普通薄膜透气性差，会产生低氧或高二氧化碳引起的酒化，所以，必须使用微孔保鲜袋，起到既保水又透气的功能。每袋装 5~7.5kg，装袋后的鲜枣放入纸箱或塑料周转箱内，敞开袋口预冷。

5. -3~-2℃下储藏

冬枣产地及年份不同，枣果可溶性固形物含量不同，所以冰点温度不同 -3~-2℃是一个范围，具体采用何数值，应以冬枣不受冻但是温度最低为原则。

6. 出库前果温缓慢回升

为了延长鲜枣出库后的货架期，应在出库后将枣放置在 5~7℃的温度下，使品温回升后再出库，减少果面凝水，延长货架期。

7. 适时出库销售

冷库储藏冬枣通常储藏期 2.5~3 个月，超过 3 个月后腐烂速率会明显加快。

二、柿子储藏保鲜实用操作技术

柿子属温带水果，主要在我国北方栽培。主要产地以陕西、山西、河南、河北、山东五省居多，其中，河北满城、易县，北京房山区，天津蓟县，陕西礼泉、彬县、三原，山东青州、沂水、临朐、沂南、邹平，河南荥阳，山西永济、万荣、闻喜县、运城、夏县、垣曲县、潞城、左权，广西壮族自治区恭城等地栽培最多。主栽品种为磨盘柿、鸡心黄柿，尖柿、莲花柿、镜面柿和方柿等。2011 年，全国柿子产量约 305 万 t。

（一）储藏特性

我国各地栽培的绝大部分品种都是涩柿类，甜柿栽培很少。柿子对乙烯十分敏感，极低浓度的外源乙烯就可诱发呼吸高峰出现，启动柿子的成熟。

1. 成熟期和成熟度

柿子品种、产地不同，成熟期差异很大。早中熟品种一般不做储藏。用于储藏的晚熟柿子，应在八成熟时采收，要求在果实绿色基本消失，皮色刚转黄，种子呈褐色时、果肉仍然脆硬时采收。各地的采收时间一般是在 9 月下旬至 10 月上中旬。

2. 品种耐藏性

柿子品种很多，果实的耐藏性差异较大，一般认为晚熟品种较耐储藏。如河北的磨盘柿、莲花柿，山东的牛心柿、镜面柿，陕西的火罐柿、鸡心黄柿等都是质优且耐储藏的品种。同一品种中，以中等大小的果实耐藏性较好。我国栽培的甜柿品种主要是"富有"和"次郎"，其耐藏性也较好。

3. 储藏中不同品种易出现的问题

柿子在储藏中果肉极易变软，软烂率较高。防止和延缓贮运期间果实软化是柿子贮运成功的关键。目前，主要采用低温冷藏或速冻冷藏来延长储藏期并减少腐烂损失。

4. 储藏中病害及其防控

柿子储藏过程中最主要的病原性病害是褐腐病和青绿霉病。良好的果园管理、精细采收分级和处理减免机械伤、入库前储藏场所消毒、控制适宜的储藏温度、控制乙烯的生成和作用，是防控病原性病害的最重要的措施。生理变化主要是果实软化，进而软烂。

减低和延缓软化的方法是:①适当缩短冷藏时间;②采用尽可能恒定的低温;③采用低温结合气调或简易气调储藏的方式,并配合脱乙烯等保鲜剂的使用。

(二) 可参照储藏条件

果实温度（品温）：涩柿 $-1 \sim 0℃$；

环境相对湿度：90% ~95%；

气体成分：O_2 2% ~5%，CO_2 3% ~8%；

(三) 储藏场所和方式选择

目前,产地仍有采用简易储藏方法进行柿子储藏的,但是储藏时间均较短。由于柿子采后软化快,简易储藏场所不宜调控温度只能做短期存放,所以,柿子不宜在简易储藏场所内储藏太久。

机械冷库。机械冷库加简易气调储藏即塑料薄膜袋包装冷藏,结合生理调节剂（脱乙烯剂）的使用,是我国目前储藏柿子中应用最普遍的一种方式。柿子储藏过程中对乙烯比较敏感,要设法降低和排除储藏环境中或包装内的乙烯。有条件应建设精准控温库。

气调库储藏。由于柿果对二氧化碳和低氧有较强的忍耐性,而二氧化碳又有保脆和抑制呼吸的作用。因此,柿果很少采用裸放冷藏,而是采用简易气调或正规气调库冷藏,涩柿储藏温度为 $-1 \sim 0℃$。参考气体指标为 O_2 3% ~5%、CO_2 5% ~8%。

(四) 储藏场所温度、湿度的调控

1. 温度设定和融霜操作

小型或微型冷库一般采用氟利昂制冷机组,温度的设置是通过温控仪人工设置。以 $-50/100℃$ "小精灵" 温控仪操作为例,

设置储藏温度为 −1~0℃，应设置 −1℃，幅差值 1℃，设备即在 −1~0℃区间运行。温控仪上具有融霜时间设置功能，一般融霜时间设置 30min，融霜间隔的设置原则是：柿子入库初期间隔短（10~20h），温度稳定后间隔时间长（几天至十几天），冬季制冷机运行少时融霜间隔会更长。准确的融霜间隔必须根据人为观察蒸发器的结霜情况而定，当蒸发器上有白色霜层但是没有明显阻挡出风时即应除霜。所以，应根据使用阶段及时调整融霜时间，方可达到既保证融霜及时又不出现无霜频繁加热导致库温波动的目的。

2. 湿度保障

冷库内湿度低于 75% 时，可以通过地面洒水的方式提高湿度，但是地面不能泼水出现"明水"聚积。产品湿度的保证主要靠冷库设计时适当增加制冷系统的蒸发面积、控制好果实预冷终点温度、库温恒定和塑料薄膜袋包装来解决。

（五）柿子储藏简明工艺流程

柿子储藏简明工艺流程：

冷库及包装物清洁、消毒→冷库提前降温→适时精细采收→装入塑料薄膜保鲜袋内，敞口预冷→快速降温至果温为 0℃→放置保鲜剂紧扎袋口→ −1~0℃下储藏→适时出库→高二氧化碳脱涩。

工艺流程注释：

1. 冷库及包装物清洁、消毒

常用的消毒杀菌方式有：①果蔬库房消毒烟雾剂进行熏蒸；②4% 的漂白粉溶液进行喷洒消毒或用 0.5%~0.7% 的过氧乙酸溶液进行喷洒消毒；③臭氧发生器消毒，一般每 $100m^3$ 配置 5g/h 产量的臭氧发生器，库内臭氧浓度达 10 μl/L 左右。

2. 冷库提前降温

果实入库前 2 天开启制冷机，将库温降至 −2℃。

3. 适时精细采收

果皮刚转黄，种子呈褐色时，八成熟采收。采收时要保留果梗和萼片。柿的果梗很硬，采摘后需要修短，以免在包装贮运中相互刺伤。

4. 装入塑料薄膜保鲜袋内，敞口预冷

采用厚度为 0.03mm 聚乙烯袋或 0.03mm 聚氯乙烯透湿袋，每袋装量 5～7.5kg，放入外包装箱内，敞开袋口预冷。

5. 放置保鲜剂、紧扎袋口

使用的保鲜剂也叫果实生理调节剂，主要作用是脱除乙烯。乙烯吸收剂可以自制，也可购买成品。主要成分是吸收饱和高锰酸钾的多孔性载体。如采用膨胀珍珠岩吸收饱和高锰酸钾制作，5～7kg 包装放置乙烯吸收剂 30g 左右，将保鲜剂封闭在透气的无纺布小袋内。品温至 0℃时紧扎袋口。

6. 适时出库

品种间储藏期差异较大，冷库储藏通常在2.5～3 个月。

7. 高二氧化碳脱涩

将出库后的硬柿子用 80% 二氧化碳，在 25～27℃ 温度下处理 24h 以上，根据品尝确定脱涩结束时间。

三、石榴储藏保鲜实用操作技术

石榴在我国南北各地除极寒地区外，均有栽培分布。我国石榴重点产区有：陕西临潼、乾县、礼泉、三原；安徽怀远、萧山、濉溪、巢县；山东枣庄；四川仁和、会理、西昌；云南蒙自；新疆维吾尔自治区的喀什、和田、叶城；广东澳县等地。主栽品种有陕西临潼石榴、白皮甜石榴、红酸石榴，云南蒙自青壳石榴，四川青皮石榴，山东枣庄软子石榴，安徽淮北百子糖石榴，广西壮族自治区的胭脂红石榴等。2012 年，我国石榴栽种面积约 12 万 hm^2，产量约 120 万 t。

（一）储藏特性

石榴属于非呼吸高峰型果实，乙烯产生量很少，对外源乙烯无明显反应。在 0℃ 左右低温下储藏较长时期可发生冷害，症状为果皮褐变，表皮凹陷，果实内部褐变，进而腐烂。受冷害的果实在移至高温环境下后，冷害症状发展明显。

1. 成熟期和成熟度

石榴花期长，开花与结果重叠现象很普遍，故同一棵树上果实的成熟期差别也很大。因此，要根据成熟度、品种特性分期采收。石榴果实成熟的标志是：果皮由绿变黄，红色品种充分着色，果面出现光泽；果棱显现；果肉细胞中的红色或银白色针芒充分显现，红粒品种的色彩达到固有的程度。过早采摘，风味差，耐贮性也差。但是过熟也不耐储藏。

2. 品种及其耐藏性

石榴果实的耐贮性因产地及品种不同而异，一般晚熟品种比早熟品种较耐储藏。生产上栽培较多、耐贮性较好的品种主要有陕西的净皮甜、大红甜、临潼 1 号、御石榴，其中，净皮甜是主栽品种；河南的"铜皮""铁皮"、大红甜；山东的大青皮甜、大马牙甜；云南的江驿石榴、铜壳石榴、青壳石榴；广东的深沃石榴。耐贮性相对差的品种是安徽玉籽石榴、云南蒙自的甜石榴等。

226

3. 储藏中易出现的问题

储藏温度低时，石榴会出现冷害，典型症状是果皮变色，果肉籽粒变色变味。所以石榴不宜在0℃左右的低温下储藏。不同地区不同品种对低温的敏感性有差异，在对储藏温度参数不清楚或没有借鉴的数据时，可先做试验，找出温度、储藏时间和冷害发生的相互关系。

4. 贮运期病害及其防控

石榴储藏过程中最主要的病原性病害是曲霉病，果实病斑呈水渍状软化腐烂。良好的果园管理、精细采收分级和处理减免机械伤、入库前储藏场所消毒、控制适宜的储藏温湿度，是防控病原性病害的最主要的措施。

（二） 可参照储藏条件

果实温度（品温）：45天内储藏5℃；超过45天的长期储藏，适宜温度则为7.5℃；

环境相对湿度：90%；

气体成分：O_2 3% ~ 4%，CO_2 5% ~ 7%。

（三） 储藏场所和方式选择

由于石榴品种较多，栽培地域广阔且较耐储藏，因此储藏场所和方式可灵活选择。

通风库和窑洞储藏。在自然冷源相对充沛的地区，储藏量不大时可建造地窖、土窑洞、利用改造山洞等；储藏量较大时可建造加设隔热保温和制冷设备的通风库，主要是利用自然通风降温，辅助机械制冷。

机械冷库。由于石榴为较难储藏的水果，加之近年来对保鲜石榴的外观品质要求越来越高，即对果皮的新鲜度和内在风味要求越来越高，所以，拟长期储藏的石榴推荐应采用机械冷藏库冷藏。机械冷库、液体保鲜剂处理加微孔袋包装，是我国目前储藏石榴应用较普遍的一种方式。

（四）储藏场所温度、湿度的调控

1. 温度设定和融霜操作

小型或微型冷库一般采用氟利昂制冷机组，温度的设置是通过温控仪人工设置。以 –50/100℃ "小精灵" 温控仪操作为例，设置石榴储藏温度为 5~6℃，应设置 5℃，幅差值 1℃，设备即在 5~6℃区间运行。温控仪上具有融霜时间设置功能，一般融霜时间设置 30min，融霜间隔的设置原则是：石榴入库初期间隔短（约 20h），温度稳定后间隔时间长（几天至十几天），冬季制冷机运行少时融霜间隔会更长。准确的融霜间隔必须根据人为观察蒸发器的结霜情况而定，当蒸发器上有白色霜层但是没有明显阻挡出风时即应除霜。所以，应根据使用阶段及时调整融霜时间，方可达到既保证融霜及时又不出现无霜频繁加热导致库温波动的目的。

2. 湿度保障

冷库内湿度低于 75% 时，可以通过地面洒水的方式提高湿度，但是地面不能泼水出现 "明水" 聚积。产品湿度的保证主要靠冷库设计时适当增加制冷系统的蒸发面积、控制好果实预冷终点温度、库温恒定和塑料薄膜袋包装来解决。

（五）石榴储藏简明工艺流程

石榴储藏简明工艺流程：

1. 冷库储藏简明工艺流程

冷库及包装物清洁、消毒→冷库提前降温→八九成熟时精细采收→液体保鲜剂处理，晾干浮水→装入微孔袋或微孔膜单果包装→敞开袋口快速预冷至果实中心温度为6℃→扎袋口→5～6℃下储藏→适时出库销售。

2. 简易储藏场所储藏简明工艺流程

入储藏时场所内温度最好在10℃以下→冷库及包装物清洁、消毒→适时精细采收→液体保鲜剂处理，充分沥干浮水→装入微孔袋或微孔膜单果包装→装纸箱或周转箱（装量10kg以内为宜）→敞开袋口降温至中心温度与储藏适宜温度平衡→微孔袋免口→调节储藏场所温度尽量接近5～6℃，而长期贮存的需要调整到7～8℃→适时出库销售。

工艺流程注释：

1. 冷库及包装物清洁、消毒

常用的消毒杀菌方式有：①果蔬库房消毒烟雾剂进行熏蒸；②4%的漂白粉溶液进行喷洒消毒或用0.5%～0.7%的过氧乙酸溶液进行喷洒消毒；③臭氧发生器消毒，一般每100m^{3}配置5g/h产量的臭氧发生器，库内臭氧浓度达10μl/L左右。

2. 冷库提前降温

果实入库前2天开启制冷机，将库温降至5℃。

3. 八九成成熟时精细采收

由于石榴开花与结果重选现象很普遍，所以应分期采收，八九成熟的确定要通过生长天数、感官经验综合判断。采收时尽量避免碰撞擦伤果皮。受伤后的果实不耐贮运，果皮易变色。

4. 液体保鲜剂处理，晾干浮水

由于石榴贮运温度要求较高，萼筒处又易集聚病原菌且食用时要拨去果皮，所以在贮运前一般要进行杀菌剂溶液浸泡果实，处理后必须晾干浮水，否则会加重腐烂。

5. 装入微孔袋或微孔膜单果包装

微孔袋厚度为 0.025mm 聚乙烯微孔袋，每袋装量 10kg 以下，也可采用微孔膜单果包装。

6. 扎袋口

采用微孔袋储藏，在果实品温为 6℃时，即可扎紧袋口；如果采用微孔膜单果包装储藏，应将果实温度降至 10℃以下并在此温度下进行单果包装，避免小袋内湿度偏高。

7. 5~7℃下储藏

石榴品种很多，产地地理气象条件差异较大，加之相关研究偏少，所以推荐的 5~7℃下储藏只能作为参考，应结合当地品种进一步摸索调整。

8. 科学通风引进自然冷源

科学通风引进自然冷源是对简易储藏场所而言的。入储藏时果实可在通风低温下放置过夜散去部分田间热，早晨气温低时入贮。外界温度低于场所内温度但是高于 5℃时，可通过开启窑门和通气孔引入自然冷源，尽力使场所内的温度接近 5 或 7℃。为此，场所内要设置干湿球温度计，结合温度变化，防冷防热。

9. 适时出库销售

根据储藏品质和市场，适时出库销售。

第四部分

中国主要水果产地介绍

第十二章　中国主要水果产地介绍

了解我国南北方主要水果产地信息，诸如主要水果集中产区和产地、主要栽种品种和特色品种，对水果的采购、流通、贮运保鲜方式的选择都有积极的意义。

一、北方主要水果产地

（一）苹果主要产地

苹果为我国第一大水果品种，目前我国苹果主要有七大主产省份，分别是陕西、山东、河南、山西、河北、辽宁和甘肃，苹果面积和产量均居世界首位。2014 年，我国苹果产量达到 3 915万 t。目前，全国现已形成三大主产区、一个新产地。

1. 渤海湾苹果产区

该区称为中国苹果生产东部优势区，包括胶东半岛、泰沂山区、辽南及辽西部分地区、河北秦皇岛地区，一重点包含 3 个省的 12 个地市 28 个县市。比如，山东省苹果种植面积 500 多万亩，产量 700 多万 t，其中，晚熟品种红富士占总产量的 70% 左右。本区热量充足，光照好，降水适量。泰沂山区生长季节气温较高，有利于中早熟品种提早成熟上市；沿海地区夏季冷凉、秋季长，光照充足，是我国中、晚熟品种的最大商品生产区。该产区出口条件优越，交通运输方便；吸引外资较多，企业发展较快，产业化优势明显；本区科研、推广技术力量雄厚，果农技术水平较高。

渤海湾苹果产区属于我国苹果生产的适宜区，是富士、乔纳金、嘎拉苹果的优质栽培气候区。山东栖霞、招远、烟台、牟平区（王格庄镇、观水镇等）、日照市（河山镇等）；河北青龙等是主要产地。

2. 西北黄土高原苹果产区

该区称为中国苹果生产西部优势区，包括陕西渭北地区、山西晋南和晋中、河南三门峡地区和甘肃的陇东地区，重点包含陕西、山西、河南和甘肃4个省的11个地市近30个县市。该区光照充足，昼夜温差大，土层深厚；生产规模大，集中连片；发展潜力大，果农生产积极性高，相关产业发展迅速。

西北黄土高原苹果产区属于我国苹果生产的适宜区，是富士、乔纳金和新红星苹果的最优栽培气候。陕西旬邑、白水、蒲城、合阳、澄城、洛川、黄陵；甘肃天水、秦安；山西运城等是主要产地。

3. 黄河故道苹果产区

黄河故道包括豫东、鲁西南、苏北和皖北。黄河故道产区属于苹果生产的次适宜区。

4. 西南高地苹果产区

西南高地局部小气候是新红星苹果的最适生态区，但是总产量相对较低。如云南昭通市（昭鲁坝区、宁蒗县）等是主要产地。

全国苹果产量最大的省为陕西省，约占全国产量的25%，延安洛川是陕西苹果最大生产县；山东省次之，烟台栖霞是山东苹果最大生产县。山东省是我国苹果出口最多的省份，出口量约占全国出口量的45%以上。

（二）梨主要产地

我国是梨属植物中心发源地之一，亚洲梨属的梨大都源于亚洲东部，白梨、砂梨、秋子梨都原产我国。我国梨产量最多的省是河北、山东、辽宁、江苏、四川、云南等省。主要梨产区有河北省保定、邯郸、石家庄、邢台一带，主要品种为鸭梨、雪花梨、黄冠梨、圆黄梨、雪青梨、红梨；山东烟台，主要栽培品种为黄县长把梨、栖霞大香水梨、莱阳慈梨、莱西水晶梨和香水梨；辽宁省绥中、北镇、义县、锦西、阜新等地主产秋白梨、鸭梨和秋子梨系统的南果梨；安徽省砀山及周围一带为酥梨产区；山西高平为大黄梨产区；山西晋中的太谷、榆次以酥梨为主；山西原平则以黄梨和油梨为主栽品种；甘肃兰州以产冬果梨闻名，条山农场以黄冠梨、早酥梨为主；四川的金川雪梨和苍溪梨；新疆维吾尔自治区的库尔勒香梨；河南宁陵县传统名特产金顶谢花酥梨；烟台、大连的西洋梨也都驰名中外。主要梨品种分述如下。

（1）鸭梨。除原产地河北外，陕西渭北、新疆南部、四川西昌地区表现也不错。山东德州、聊城、滨州地区广阔平坦的黄泛沙地也属于鸭梨栽培最适生态地带。鸭梨集中产于河北南部、山东西北部、辽宁西部，属白梨系统品种。

（2）雪花梨。原产河北中南部地区，以赵县为集中产地，其中赵县南庄村的产量约占全县产量的1/10。目前山东、辽宁、山西、江苏等地已有栽培，陕西渭北列为推广品种。

（3）砀山酥梨。原产于安徽省砀山，是传统的地方优良品种。该品种有4个品系，以白皮酥品质最好。安徽省砀山县境内沿故黄河两岸向南北延伸30km，西起官庄坝镇，东至唐寨镇和分布在这些区域内的国营果园、园艺场，种植酥梨很普遍。安徽、山东、山西、江苏、辽宁、陕西、甘肃陇东、新疆维吾尔自治区南部和云南昆明均有栽培。在山西中部和南部栽培表现出优良的品质。

（4）莱阳梨。产于山东省莱阳市境内，具体范围在莱阳市五龙河流域，即清水河、墨水河、富水河、蚬河和白龙河，为地方传统品种。

（5）库尔勒香梨。产地位于新疆维吾尔自治区巴音郭楞南部和阿克苏东南部，具体范围在孔雀河流域和塔里木河流域，塔克拉玛干沙漠的北边缘，库尔勒、尉犁、轮台、库车、新和、沙雅、阿克苏、阿瓦提等是主要产地。

（6）黄金梨。是韩国园艺试验场罗州支场用新高×20世纪杂交育成的新品种，属砂梨系统。山东胶东地区、临清（李官寨镇等）、临邑（宿安乡等）；四川成都市龙泉驿区、荣县（长山镇等）；陕西陇县（天成镇等）等是主要产地。

（7）黄冠梨。河北省农林科学院以雪花梨为母本、新世纪为父本杂交培育而成。河北省晋州（东寺乡等）、藁城（贾市庄镇等）、魏县、深泽（桥头乡等）、衡水等是主要产地

（8）红色梨。云南安宁、祥云县红梨栽培面积集中，如早熟品种95－2号、中熟品种美人酥和满天红、晚熟品种红云1号等。

（9）西洋梨。原产欧洲及亚洲西部，我国栽培面积较小，辽东半岛南端、山东半岛和黄河故道地区是西洋梨比较合适的区域，如辽宁旅大地区、山东烟台、三门峡市陕县等。

（三）葡萄主要产地

在我国北纬25～45°广阔的地域里，分布着各具特色的葡萄产地，共同构成了我国葡萄产业区，目前来说，主要有以下产区。

1. 东北中北部产区

该地区属于寒冷半湿润、湿润气候区，为欧美杂种次适区或特殊栽培区、山葡萄及山欧杂种适宜区或次适宜区。包含吉林产区、西辽河流域地区这两大产区，其中，吉林产区包括吉林和黑

龙江齐齐哈尔以南地区，主要有黑虎香、罗尔玫瑰、爱地郎、巨峰等品种。西辽河流域地区包括内蒙古自治区赤峰、通辽地区，原有品种以巨峰为主，还有里查马特、潘诺尼亚等中早熟欧洲品种。

2. 环渤海湾产区

包括华北北半部的昌黎、蓟县丘陵山地、天津滨海区、山东半岛北部丘陵和大泽山以及辽宁省。这里由于近渤海湾，受海洋气候的影响，热量丰富，雨量充沛，优越的自然条件使这里成为我国最大的鲜食葡萄产区，巨峰是最广泛栽培的品种，占该地区鲜食葡萄面积的60%～70%，其他主栽鲜食葡萄品种为玫瑰香、龙眼、牛奶。

（1）山东产区。山东省主产区是胶东半岛，适于发展晚熟、极晚熟欧洲系优良鲜食品种，同时该地区海陆交通发达，便于建立适度规模的对外出口基地。烟台、蓬莱、威海、平度、青岛等均为我国著名的葡萄产地，巨峰葡萄是该地区为第一主栽鲜食品种，同时红地球、秋黑等极晚熟大粒耐贮运品种在山东发展迅速，鲁西南地区的沂源县近年来巨峰、红地球得到较大发展，已成为仅次于平度的第二鲜食葡萄生产县。

（2）辽宁产区。辽宁省的鲜食葡萄老产区和主产区是辽西地区的北镇市、辽南地区的盖州、大连，主栽品种是巨峰，其他品种还有红地球、里查马特等。辽宁省最大的鲜食葡萄产区是在辽西地区的锦州、葫芦岛和朝阳地区，其中锦州地区的北镇市葡萄种植面积最大，该市已有微型冷库数千座，加上其他中小型冷库，使这里的巨峰葡萄储藏能力达到总产量的50%左右，北镇市葡萄储藏业发展对推动辽南产区和辽北产区的巨峰发展发挥了重要作用。

（3）河北产区。张家口地区是河北省最老的葡萄产区，以龙眼葡萄为主要栽培品种。宣化、涿鹿、昌黎、怀来等地区地处长城以北，光照充足，热量适中，昼夜温差大，夏季凉爽，气候干燥，巨峰、玫瑰香、牛奶、龙眼是该地区的主栽鲜食品种。近年来已推广赤霞珠、梅鹿辄等世界酿酒名种。河北晋州（周头乡等）巨峰葡萄面积也较大，周家庄乡红地球发展较快。

（4）津京产区。天津、北京地区生长期热量充足，降水量适中，适宜品种为晚熟、极晚熟品种。北京延庆县、通州区；天津汉沽（茶淀镇等）、蓟县山区、武清等地是两市鲜食葡萄的优质生产基地，玫瑰香、巨峰是该地区主要的鲜食栽培品种，此外还有京亚、京秀、红地球、乍娜等品种。

3. 黄土高原产区

黄土高原产区包括陕西省及山西省，该产区除汉中地区属北亚热带湿润区，大部分属暖温带和中温带半湿润区，少数属于干旱地区，适宜葡萄种植。陕西省葡萄主要分布在西安霸桥及咸阳、宝鸡、渭南等交通便利的城郊，栽培以鲜食为主，主栽品种为巨峰、龙眼、玫瑰香，近年来晚熟品种秋红、秋黑和红地球等发展较快。山西的老产区在清徐、阳高，栽培品种有龙眼、牛奶、黑鸡心等品种。

4. 新疆葡萄产区

由于南北疆纬度及海拔高度上的巨大差距，欧亚种各品种群的品种和利于各类加工用途的品种在新疆维吾尔自治区（以下简称新疆）都可以找到生态适宜区。新疆具有丰富的热量资源和干旱少雨、温差大、光照充足的气候特征，使新疆成为我国地方葡萄品种最丰富的地区。新疆葡萄重点产区有吐鲁番和南疆塔里木盆地的和田、阿克苏、喀什、阿图什地区。近年来，伊犁、昌吉地区葡萄产业也迅速发展。其中，吐鲁番地区是全国最闻名的葡萄产区，也是新疆最大的葡萄产区，无核白品种占该区种植面积的80%左右。无核白、马奶、喀什哈尔、木纳格、红葡萄等是新疆地区的主栽品种。新疆红地球发展面积较大的地区有：新疆伊犁河谷西 4 县（市）（伊宁市、霍城县、伊宁县、察布查尔县）、博乐（农 5 师）；辽宁省盖州（陈屯镇等）；陕西咸阳；山东沂源（大张镇等）；山西稷山。

5. 宁夏回族自治区（以下简称宁夏）产区

宁夏葡萄种植主要分布在石嘴山以南的银川平原黄河灌溉区，包括宁夏北部的石嘴山沿黄河向南，经贺兰至银川、永宁、吴忠、青铜峡、中宁、中卫，这里气候干旱，昼夜温差大，是西北地区新开发的最大的酿酒葡萄基地，主栽世界酿酒品种赤霞珠、梅鹿辄，同时种植意大利、红地球、森田尼无核、瑞必尔、红宝石等鲜食葡萄品种。

6. 甘肃产区

被誉为我国最佳酿酒葡萄产区之一，敦煌、安西以及玉门、酒泉、苏南等河西西部产区是甘肃省最老和最大的葡萄产区，以无核白为主；河西东部产区包括张掖、武威等低海拔地区，是一个新兴的葡萄酒原料产区之一。

7. 内蒙古自治区（以下简称内蒙古）产区

内蒙古西部产区主要有乌海市、包头市郊和呼和浩特市的托县地区，乌海地区的主栽品种为龙眼、马奶、无核白、无核黑等；包头市的中早熟品种里查马特、京玉、京亚、牛奶等品种正在取代原来的巨峰、牛奶和龙眼品种；而托县则以托县葡萄和巨峰为主栽品种；内蒙古东部西辽河流域的赤峰、通辽地区以巨峰为主栽品种，其次是里查马特、潘诺尼亚等品种。

8. 黄河故道产地

本区包括河南省及山东省鲁西南、江苏北部及安徽北部产区。河南省是黄河故道的主产区，主要以巨峰葡萄为主，由于靠近相对缺乏鲜食葡萄的广大南方地区，该地区巨峰葡萄有相当一部分运往南方市场，预计今后巨峰及巨峰群品种还将稳步发展。

9. 云南高原产地

包括云南高原海拔的弥勒、宾川、永仁和川滇交界处金沙江畔的攀枝花。这里的气候特点是光照充足，热量丰富，降水适时，适合早熟品种和酿酒葡萄的生长和成熟。利用旱季这一独特小气候的自然优势栽培欧亚种葡萄，已成为西南葡萄栽培的一大特色。

10. 南方产区

南方产区为长江中下游流域以南的亚热带、热带湿润区，该区以美洲种和欧美杂种为主栽品种，主要产区集中在长江流域各省市，主要栽培区依次为四川、江苏、湖北、台湾、浙江、安徽、湖南等省。

（四）桃主要产地

桃子原产于我国，除黑龙江省外，其他各省、市、自治区都有桃树栽培，主要经济栽培地区在华北、华东各省，较为集中的地区有北京平谷县；天津蓟县；山东肥城、益都、青岛；河南商水、开封；河北抚宁、遵化、深县、临漳；陕西宝鸡、西安；四川成都；辽宁大连；浙江奉化；上海南汇区；江苏无锡（阳山镇等）、徐州。几种类型的桃的主要产地如下。

（1）北方品种群的硬肉桃和蜜桃。集中产地有山东肥城（肥城桃）、青州（青州蜜桃）；河北深州；甘肃秦安。

（2）黄肉桃品种。河南灵宝（故县镇等）；山东临沂兰山区（李官镇等）、平邑（武台镇等）；大连金州（七顶山乡等），新疆叶城；上海奉贤区（光明镇等）；安徽砀山。

（3）油桃品种群。分布于新疆；甘肃秦安；山西运城盐湖区（陶村镇等）、山西新绛（万安镇等）；辽宁盖州；河南太康

（常营镇等）等。

北方硬肉桃主栽品种为大久保、绿化 9 号、绿化 14 号、肥城桃、青州蜜桃、水蜜桃、中华寿桃等；南方阳山水蜜桃主要是特早熟品种春蕾、春花、晖雨露，早熟品种有雨花露、银花露、白凤、朝晖，中熟品种有胡景蜜桃、阳山蜜桃，晚熟品种有白花、迟圆蜜，极晚熟品种有迎庆，9 月上旬成熟。

（五）李子主要产地

李子主要产地有：福州市永泰县芙蓉李；广西壮族自治区（以下简称广西）凌云（泗城镇等）；黑龙江（主要分布在松花江、绥化和佳木斯），品种如绥李 3 号；重庆市万州区（分水镇等）；广东翁源（三华镇等）、信宜；陕西大李（范家镇等）。人们常说芙蓉李产自福州市永泰县；冰糖李产自河北；大黄李产自陕西；秋红李子产自吉林；甘李产自河南。

（六）山楂主要产地

辽宁辽阳、海城、开原等县为其主要产区；河北省的燕瓢红，也叫红口山楂或红肉山楂，产地有兴隆县（六道河镇等）、清河（马屯乡等）；山东产地的主要品种为大金星、敞口等，主要有平邑、青州、临朐（辛寨镇山楂）、沂水、曲阜、邹城；陕西黄龙；河南的豫北红，产地有辉县、林县、汲县、嵩县、栾川、方城等；广西靖西、天津蓟县等为主要产地。

（七）猕猴桃主要产地

猕猴桃在全国有五大产区：①以周至、眉县为中心，南起秦岭北麓、北至渭河以南，向西延伸到宝鸡渭滨区，向东延伸至渭南潼关的区域的猕猴桃产业带，品种徐香、海沃德、秦美、红阳（眉县首善镇第五村、杨千户村等）；②大别山区、河南的伏牛山、桐柏山猕猴桃产区；③贵州高原（修文贵长猕猴桃）及湖南省的西部；④广东河源和平县；⑤四川省的西北地区及湖北省的西南地区、四川省西南部兴文县一带。

（八）柿子主要产地

柿子主要产地以黄河流域的陕西、山西、河南、河北、山东五省居多。北京、天津郊县的磨盘柿；河北、山东一带的莲花柿、镜面柿；陕西泾阳、三原一带的鸡心黄柿；陕西富平的尖柿；浙江杭州古荡一带的方柿，被誉为中国六大名柿。此外，还有陕西临潼的火晶柿、华县的陆柿、彬县的尖顶柿；山东青岛的金瓶柿、益都的大荸子柿等都是国内有名的柿子。主要区县有河北满城、易县；北京房山区（张坊镇等）；天津蓟县；陕西礼泉、富平、彬县、三原；山东青州（王坟镇等）、沂水、临朐（五井镇等）、沂南、邹平；河南荥阳；山西永济、万荣、闻喜县、运城、夏县、垣曲县、潞城、左权等地栽培最多。

湖北罗田的甜柿、云南保山甜柿、云南石林彝族自治县甜柿也有一定名气，我国生产的甜柿几乎全部用于出口。

（九）石榴主要产地

我国石榴重点产区有：陕西临潼、西乡县、乾县、礼泉、三原；安徽怀远、寿县、萧山、濉溪、巢县；山东枣庄峄城、薛城、东平、泰安；河南荥阳市、开封；四川会理县、攀枝花、西昌；云南蒙自（蒙自甜绿籽石榴）；江苏苏州、南京等地；新疆叶城、喀什、皮山；广东澳县等地。其中，四川、云南、陕西、河南、山东、安徽、新疆合计栽培面积和产量约占全国的90%。

近年来河南产区"突尼斯软籽""中农红软籽"等新品种发展较快。

（十）　樱桃主要产地

樱桃主要产区有：山东省泰安市新太县天宝镇、烟台；辽宁大连；陕西西安的灞桥、铜川、蓝田、汉中；甘肃天水、兰州；四川阿坝州；宁夏银川；北京、天津郊区。

品种以我国的红灯、龙冠，欧洲和美洲选育的品种拉宾斯、先锋、早大果、艳阳、美早、萨米脱等为主，红灯约占 40% 的面积和 35% 的产量，另外鲜食品种中，地方小樱桃品种占 10% ～12% 的面积和产量。

（十一）　草莓主要产地

我国目前草莓生产面积居世界第一位。重点草莓产区有辽宁丹东东港市（品种为香丰）、普兰店（四平镇等）；河北保定、满城；山东烟台；上海郊区；四川双流；江苏连云港；安徽淮南（曹庵镇等）等为主要产地。各地保护地栽培发展迅速。栽培的主要品种有日本引进的、西班牙引进的以及荷兰和美国引进的品种，国内培育的品种有明晶、明磊、听旭、硕丰、硕密、硕露、星都 1 号、星都 2 号、石莓 1 号、春星、长虹 2 号、林果四季等。

（十二）　冬枣和其他鲜食枣主要产地

冬枣主要产地是：山东沾化（下洼镇）、山东无棣；河北黄骅、沧州；天津大港、静海；山西临猗、运城；新疆建设兵团农 14 师；新疆若羌县；陕西大荔、临渭区（官道乡等）、渭城。近年南方不少省市也引种栽培，如上海松江区高新农业园、江西省袁州区彬江镇、西村镇等，也试验种植冬枣。云南省环滇池各县的冬枣发展迅猛，不但采摘期早，品质也比其他产地更胜一筹。

其他鲜食枣产地主要有：山东乐陵、庆云金丝小枣；河北沧州金丝小枣;湖南溆浦、耒阳金丝小枣;辽宁朝阳大枣;山西临猗梨枣;山东宁阳六月鲜;河南新郑六月鲜;零星栽培于山东夏津、临清、武城、阳谷等地的大白铃枣;山西平遥辛村乡不落酥枣等。

目前,我国有主要省市的代表枣品种是:河北的金丝小枣、赞皇大枣、冬枣和行唐大枣;山西的板枣、相枣、骏枣、壶瓶枣、梨枣、木枣和油枣;陕西的晋枣;河南的灰枣、圆枣、扁核枣和鸡心枣;甘肃鸣山大枣;宁夏灵武长枣;新疆的灰枣、骏枣、赞新大枣和哈密大枣;江苏的泗洪大枣;安徽的尖枣和圆枣;湖南的鸡蛋枣;海南和台湾的青枣。

二、热带、亚热带大宗水果主要产地

(一) 柑橘类水果主要产地

我国橘种植区包括:长江中上游种植区(表 12 – 1)、赣南—湘南—桂北种植区(表 12 – 2)、浙—闽—粤柑橘种植区(表 12 – 3)、鄂西—湘西柑橘种植区和特色柑橘生产基地。有 5 个区域因其品种及生态条件独特,成为我国柑橘产业中极具特色的柑橘生产基地,即南丰蜜橘基地、岭南晚熟宽皮橘基地、云南特早熟柑橘基地、丹江库区北缘柑橘基地、柠檬基地。南丰蜜橘以江西南丰为主;岭南晚熟宽皮柑橘主要分布在广东省境内;云南特早熟柑橘基地位于云南省境内的珠江(南盘江)流域;丹江口库区柑橘北缘基地主要包括湖北省丹江口市和郧县,是我国柑橘生产的北缘;柠檬基地包括四川安岳、内江、云南德宏,品种主要为尤力克。

表 12-1　长江中上游种植区主要品种

种植区	主要品种
湖北	锦橙、脐橙、温州蜜柑、红橘
重庆	锦橙、脐橙、温州蜜柑、红橘、先锋橙、椪柑、杂柑
四川	锦橙、脐橙、红橘、温州蜜柑、先锋橙、椪柑、杂柑、柠檬、柚
贵州	温州蜜柑、大红袍、椪柑

表 12-2　赣南—湘南—桂北种植区主要品种

种植区	主要品种
江西	脐橙、温州蜜柑、朱红橘、金柑、南丰蜜橘
湖南	脐橙、温州蜜柑、椪柑、冰糖橙、大红甜橙、柚
广西	脐橙、温州蜜柑、椪柑、沙田柚、暗柳橙、金柑、夏橙

表 12-3　浙—闽—粤柑橘种植区主要品种

种植区	主要品种
浙江	温州蜜柑、椪柑、胡柚、金柑、杂柑
福建	温州蜜柑、椪柑、雪柑、红橘、柚
广东	砂糖橘、蕉柑、马水橘、春甜橘、年橘、红江橙、沙田柚

　　鄂西—湘西柑橘种植区主要品种是温州蜜柑、椪柑、橙类以及少量的柚类。

　　我国脐橙主要产地是：①赣南脐橙（主要包括信丰县、寻乌县、安远县、会昌县、瑞金市等），主栽品种为纽荷尔脐橙；②湖北秭归脐橙，主产于湖北省宜昌市秭归县。

　　我国柚子主要产地是广东、广西、福建、江西等地，其中，江西吉安的井冈蜜柚、福建平和县的琯溪蜜柚、广西玉林容县的沙田柚、湖南江永香柚、浙江常山胡柚等。

我国柠檬的主要产地是：四川省资阳市安岳县、云南德宏州、重庆万州等。主要栽培品种有尤力克、北京柠檬、费米耐劳和里斯本等，以尤力克最多。

（二）香蕉主要产地

我国香蕉主要分布在广东、海南、广西、云南、福建、台湾，贵州、四川、重庆也有少量栽培。广东以高州、湛江、茂名、雷州半岛、中山、番禺、东莞、广州、潮州为主产区；广西以灵山、浦北、凭祥市、玉林、南宁市郊、钦州为主产区，包括武鸣、隆安、扶绥、浦北、灵山、龙州、田阳、田东、博白等市县；福建主要集中在漳浦、平和、南靖、长泰、诏安、华安、云霄、龙海、厦门、南安、莆田、漳州（天宝）和仙游等县（市、区）；台湾的香蕉以高雄、屏东为主栽区，其次是台中和台东等地；海南的香蕉主要分布在在儋州、澄迈、三亚、临高、东方、乐东、三亚等地，其中产量最多是东方；云南的红河、西双版纳、德宏。河口、保山、昆明、西双版纳。

贵州适宜香蕉种植的贵州南亚热带地区主要包括红水河及南、北盘江中下游河谷地带及北部的赤水河、官渡河下游河谷地区，涉及兴义、安龙、册亨、贞丰、望谟5个县市。

我国进口香蕉主要源自菲律宾、厄瓜多尔和哥斯达黎加。

（三）菠萝主要产地

中国菠萝栽培主要集中在广东、广西、福建、海南、云南、台湾等省，贵州南部也有少量栽培。广东菠萝绝大部分种植在汕头、湛江、江门等地区及广州市郊，品种80%菲律宾种（巴厘种），15%左右是卡因种，少量为神湾种或及其他品种；广西菠萝主产区在南宁、武鸣、邕宁、宁明、博白等县市，主栽品种是巴厘种；福建菠萝主要分布在漳州、泉州等地，主要是卡因种、

246

巴厘种以及少量神湾种；海南几乎全省各市（县）都种植菠萝，主要集中于万宁、琼海、海口和农垦系统，主要有巴厘种、卡因种。云南菠萝主要分布于红河、西双版纳、德宏等地，主要是巴厘种、卡因种；台湾菠萝主产区在台南、台中及高雄一带，主要是神湾种。

（四）荔枝主要产地

我国荔枝主栽省份有广东、广西、福建、海南、云南、重庆、四川、台湾、贵州、浙江也有少量栽培。荔枝优势区域主要是：①海南特早熟和特色荔枝优势区：包括海南全省，以妃子笑、金橙 A4 号无核荔枝、大丁香等早熟品种为优势；②粤西早中熟荔枝优势区：包括广东湛江市、茂名市（高州、电白）、阳江市等地，以桂味、糯米糍、玉荷包、白糖罂、白腊、黑叶等品种为优势；③粤中、桂东南、闽南晚熟荔枝优势区，以黑叶、妃子笑、糯米糍、桂味、怀枝、灵山香荔、合浦鸡嘴荔等优质鲜食和加工型品种为优势；④四川、闽中特晚熟荔枝优势区，如四川的合江的大红袍等。

主栽荔枝品种中，挂绿（金元宝）、糯米糍、桂味是鲜食上佳的品种。

（五）龙眼主要产地

我国龙眼主产区分布相对集中，主要分布在广东、广西、福建、海南等省区，云南、四川等地也有少量栽培。其中，广东龙眼的重点产地分布在粤西、粤中和粤东地区；广西主要分布在桂南、桂东、桂中、桂西地区；福建主要分布在泉州、漳州、福州、宁德、莆田等地；海南主要分布在定安、屯昌、文昌等县；四川主要分布在攀西和泸州地区；云南主要分布在红河、版纳、德宏等地州。

广东已经形成了粤西的早熟产区、珠江三角洲的中熟产区和粤东的迟熟产区，茂名、阳江和广州是广东龙眼主产区；福建的龙眼主要在东南沿海的福州泉州、莆田、厦门地区，主栽品种有福眼、赤壳、水涨、松风本、立冬本、普明庵、乌龙岭、油潭本等。海南龙眼的产地主要有琼山、定安、屯昌、文昌、琼中、临高等县，其中海口市的永兴、石山、美安、旧州和定安县的龙眼最为著名。

（六）杧果主要产地

主要分布在海南、广西、广东、云南和台湾5个地区。

海南省收获面积和产量均居全国首位，主产区在琼西南部，其中以东方、昌江、白沙、三亚等地栽培较多，昌江县是全省规模最大的杧果生产基地。广西的杧果主产区在百色、钦州、南宁、玉林及柳州市南部等地，其中，以百色地区的右江河谷栽培最为集中；广东省杧果主产区分布在雷州半岛南部的徐闻、雷州、电白、吴川等地，特别是徐闻、雷州的西部地区；云南杧果宜植区集中分布在金沙江、怒江、澜沧江、元江等干热河谷区；台湾省杧果主产区集中在屏东、台南和高雄。

海南主栽品种有台农1号、红贵妃、吕宋芒、红杧果6号、金煌杧果、爱文杧果、白象牙杧果、白玉杧果、鸡蛋杧果、青皮杧果等；广西的品种主要有桂热10号、桂热82号、台农1号、紫花杧果、桂香杧果、田阳香杧果等；广东的品种主要有台农1号、紫花杧果、粤西1号、桂香杧果、吕宋杧、无核杧果、红象牙、红杧果6号、爱文杧果；云南的品种主要有金煌杧果、红杧果6号、凯特、白象牙杧果、大白玉、吕宋杧、马切苏（晚熟）、三年杧（早熟）等；台湾省品种主要有爱文杧果、凯特、圣心、金煌杧果、台农1号、台农2号、吉尔、肯特、海顿等。

红杧果类主要品种有台农1号、爱文杧果、红杧果6号、凯特、海顿、肯特和红贵妃等；黄杧果类主要品种有吕宋杧、白象牙杧、椰香杧果、紫花杧果、粤西一号等。

三、热带、亚热带特色水果主要产地

（一）杨梅主要产地

浙江、湖南、广东、福建是杨梅的四大主产区，以浙江的栽培面积最大，产量也最高。其次是江苏、福建与广东。荸荠种杨梅，产自浙江省兰溪马涧、余姚、慈溪，为当前我国分布最广、种植面积最大的品种，也是当前国内最佳的鲜果兼加工优良品种；晚稻杨梅产于浙江省舟山皋泄；东魁杨梅，又名东岙大杨、巨梅，是国内外杨梅果型最大的品种，原产浙江黄岩。其他还有产于江苏洞庭东西山的大叶细蒂杨梅、产于福建福鼎前岐的大粒紫杨梅、产于湖南靖县的光叶杨梅以及产于广东省汕头市潮阳区西胪镇的乌酥核杨梅等。

杨梅主要栽培品种为：①早熟品种：浮宫1号、安海软丝杨梅、安海硬丝杨梅、临海早大梅、早荸蜜梅、早色杨梅、光叶杨梅、乌酥杨梅和桐子杨梅；②中熟品种：荸荠种、丁岙梅、乌梅、大碳梅、深红种、水晶梅、二色杨梅、慈荠；③晚熟品种：东魁、小叶细蒂、大叶细蒂、东方明珠、晚稻杨梅、晚荸蜜梅等。

（二）火龙果主要产地

火龙果原产于中美洲热带，在我国的栽培历史较短，目前只有在海南、广西、广东、福建、台湾等部分省区兴起，栽培面积还十分有限。海南琼海、三亚；广西的南宁、百色、钦州、北海、防城港等市；广东湛江市、广州从化；福建莆田市江口、忠门等乡镇；云南红河县；贵州罗甸、望谟等县。

火龙果主要品种有红皮白肉、红皮红肉和黄皮系列，以红皮红肉和黄皮系列品质佳。分析表明，红肉火龙果的可溶性固形物含量通常高于白肉红龙果。

（三）红毛丹主要产地

红毛丹原产于马来半岛，在我国产地主要分布在海南和台湾南部地区。海南地区主要在保亭、三亚、陵水、乐东等市县的部分地区有部分种植，云南西双版纳有野生红毛丹。

红毛丹有红色果和黄色果两类。

（四）山竹主要产地

原产于马来半岛和马来群岛。中国暂无集中成片种植，国内进口山竹主要来自泰国和越南等国。

（五）莲雾主要产地

莲雾原产地为马来西亚及印度。我国主要产自台湾，现在广东、福建南部及广西都有栽培。如海南海口市云龙镇生产的"中国红莲雾"及广东省惠东县生产的"中国红莲雾"，广西钦州和福建漳州生产的莲雾；在台湾20多种主要重要经济果树中莲雾名列第6、7位，主要有台湾屏东县、高雄县、宜兰县、嘉义县、台北县、高雄市六龟区。

（六）番荔枝主要产地

番荔枝原产地是在南美洲及印度。我国栽培地区主要集中在台湾和广东。广东省主要分布在澄海、饶平、潮安等县市和东莞的虎门镇、朱海，其中，澄海栽培历史久，栽培面积大。此外，海南、浙江、福建、广西（龙州、凭祥）、云南（元江）也有少量栽培。

（七）橄榄果主要产地

我国鲜食橄榄种质资源十分丰富，以广东、福建最多，广西、台湾次之，四川、云南及浙江南部也有分布。广东省产区主要分布于潮汕地区、茂名、广州市郊区、惠阳、肇庆等地；福建省主要产地在闽江流域福州、闽侯县、闽清县；广西省橄榄主要分布在南宁、梧州、钦州、龙洲等地；台湾省主产区主要分布在南投、台东等地。此外，四川省的江津、内江，浙江省的瑞安、平阳以及云南省的宾川、哈通等也有栽培。

（八）杨桃主要产地

原产于亚洲东南部，在我国广东、广西、海南、福建、台湾、云南等省（区）均有种植。广东在广州市郊，以及高州、湛江、江门、佛山、惠阳、潮州等地普遍栽培；广西在平南、玉林、浦北、南宁市郊较多；海南主要是三亚、陵水、琼山、文昌、万宁、琼海等市县；福建的漳州云霄县、漳浦县、长泰县诏安等地；台湾中南部的苗栗、台中、彰化、云县、台南、屏县等。

杨桃又分为酸杨桃和甜杨桃两大类。酸杨桃果实大而酸，俗称"三稔"，较少生吃，多作烹调配料或加工蜜饯。甜杨桃可分为"大花""中花""白壳仔"3个品系。

参考文献

［1］ Adel A. Kader. Postharvest Technology of Horticultural Crops 3rd Ed，University of California Agriculture and Natural Resources Publication 3311，2002.

［2］ B. R. Champ，E. Highley，and G. I. Johnson. Postharvest Handling of Tropical Fruits ［C］. Proceedings of an International Conference held at Chiang Mai，Thailand，1993：19 − 23.

［3］丁丹丹，王志华，王文辉，等.6 个砂梨品种采后常温品质变化和衰老特性评价 ［J］. 辽宁农业科学，2008（6）：23 − 25.

［4］高海生，张翠婷. 果品产地储藏保鲜与病害防治 ［M］. 北京：金盾出版社，2012.

［5］国家标准，冷库设计规范. GB50072—2010.

［6］刘德兵，魏军亚. 南方果树果品质量调控实用技术 ［M］. 北京：中国农业科学技术出版社，2014.

［7］李国华，王文生，高芙蓉，等. 安哥诺李冷藏条件下不同保鲜剂处理效果的研究 ［J］. 保鲜与加工，2014（6）：5 − 8.

［8］骆光林. 绿色包装材料 ［M］. 北京：化学工业出版社，2005.

［9］林河通，傅虹声，洪启征. 橄榄果实的冷藏适温与冷害初报 ［J］. 福建农业大学学报，1996，25（4）：485 − 489.

［10］李江阔，梁西秦，张鹏，等. 鲜博士保鲜剂在苹果和梨果实储藏保鲜中的应用 ［J］. 保鲜与加工，2012（5）：1 − 7.

［11］林军，陈亚飞. 物流运输组织 ［M］. 武昌：武汉大

学出版社，2014.

［12］李家庆，等 . 果蔬保鲜手册 ［M］. 北京：中国轻工业出版社，2003.

［13］刘伟，卢立新，李大鹏 . 综合保鲜处理对草莓保鲜效果的影响 ［J］. 包装工程，2011（1）：18－21.

［14］李喜宏，陈丽，关文强，等 . 果蔬薄膜保鲜技术 ［M］. 天津：天津科学技术出版社，2003.

［15］马岩松，等 . 果蔬贮运保鲜金点子 ［M］. 沈阳：辽宁科学技术出版社，2000.

［16］牛洪波，王整兴，孙志强 . 中国石榴产销情况 ［J］. 中国果菜，2014（8）：1－4.

［17］孙韵涛，孙士翔 . 我国气调库建设现状及使用管理中存在的问题与对策 . 第七届全国食品冷藏链大会论文集，2010.

［18］田世平，罗云波，王贵禧 . 园艺产品采后生物学基础 ［M］. 北京：科学出版社，2011.

［19］吴小华，颉敏华，王双喜，等 . 不同来源 1－MCP 处理对冷藏富士苹果保鲜效果的影响 ［J］. 保鲜与加工，2015（3）：24－27.

［20］吴振先，陈维信，韩冬梅 . 南方水果贮运保鲜 ［M］. 广州：广东科技出版社，2002.

［21］王文生，阎师杰，石志平 . 果蔬保鲜储藏设施的建造、使用和维护 ［M］. 北京：中国农业科学技术出版社，2004.

［22］翁卫兵，房殿军，李 强，等 . 冷藏运输车厢温度场均匀控制研究 ［J］. 农业机械学报，2014（1）：228－234.

［23］王文生，杨少桧，等 . 果品蔬菜保鲜包装应用技术 ［M］. 北京：印刷工业出版社，2008.

［24］王文生，等 . 果蔬贮运病害防治技术 ［M］. 北京：中国农业科学技术出版社，2004.

［25］吴志夏．福建荔枝产业发展现状及对策［D］．福州：福建农林大学硕士专业学位论文，2012.

［26］谢如鹤，陈善道．鲜活货物运输技术问答［M］．北京：中国铁道出版社，2002.

［27］杨杰．我国苹果产业的格局和发展建议［J］．中国果菜，2015（6）：1－6.

［28］杨福馨，杨婷．保鲜剂制作与保鲜包装应用技术［M］．北京：化学工业出版社，2005.

［29］杨福馨．农产品保鲜包装技术［M］．北京：化学工业出版社，2004.

［30］尹训胜．我国开展快捷高速货运列车车型研究．物流时代［J］．2015（6）：142－147.

［31］叶延琼，章家恩，吕建秋，等．广东省荔枝产业发展现状与对策分析［J］．中国农学通报，2011（3）：481－487.

［32］闫师杰，董吉林．制冷技术与食品冷冻冷藏设施设计［M］．北京：中国轻工业出版社，2007.

［33］郑德剑．莲雾优质丰产栽培技术［M］．北京：中国农业科学技术出版社，2011.

［34］张华云．葡萄采后保鲜技术及机理研究［D］．北京：中国农业大学博士学位论文，2002.

［35］赵静芳．巨峰葡萄栽培与保鲜技术［M］．济南：济南出版社，1991.

［36］张娜，关文强，闫瑞香．甜樱桃果实采后致病菌的分离及定性分析．中国农学通报，2014（13）：190－194.

［37］赵维峰，等．果树生产技术（南方本）［M］．重庆：重庆大学出版社，2014.

［38］张望舒，郑金土，汪国云，等．不同成熟度杨梅果实采后呼吸速率、乙烯释放速率和品质的变化［J］．植物生理与

分子生物学学报，2005（4）：417 – 424.

　　［39］中央电视台"农广天地"栏目编．热带、亚热带果树栽培与水果保鲜［M］．上海：上海科技文献出版社，2009.

　　［40］张昭其，庞学群．南方水果储藏保鲜技术［M］．南宁：广西科学技术出版社，1998.